The Manual of Breads

麵包使用說明書

了解越多，越美味！ **12** 種暢銷麵包的切法、烤法、吃法

池田浩明・山本百合子

瑞昇文化

Introduction

前言

哎呀，好可惜！！

在許多不同的時刻、不同的地點，超愛吃麵包的我，總會有這樣的念頭。有時候，我曾看到麵包店架上的甜麵包和鹹麵包總是銷售一空，只留下一堆硬麵包乏人問津。又或者，我也曾經在麵包特賣活動上，看到某些人直接咬著又大又硬的麵包。其實這只不過是大家對麵包的偏見，不是嗎？如果用那樣的方式品嚐，豈不就會留下「硬麵包很硬、不好咬」的負面印象嗎？「沒錯！應該讓大家知道麵包的美味吃法才行！」於是，這本《麵包使用說明書》便誕生了。

日本是個可以吃到世界各地的麵包，難得這麼有口福的國家。每種麵包在自己的祖國都有著各式各樣的不同吃法，那個國家的人們會學習那些吃法，享受自然且美味的麵包。就跟日本人品嚐白飯的方式一樣。不管是茶泡飯也好，納豆也罷，日本人非常擅長運用冰箱內的食材，搭配組合出更美味的吃法。這本書想傳達的就是那樣的美味吃法。

現在，麵包師傅每天在店裡烘烤的麵包種類近達100種之多，因此，麵包師傅的工作變得十分繁重，工作時數也很長。如果大家能夠自己在家裡動手做出簡單的麵包（麵包餐），這樣的情況應該也會有些許改變吧？

如果愛麵包，希望更加了解麵包，就不該透過甜麵包或鹹麵包品嚐美味，簡單的麵包才是最棒的途徑。而且也能仔細品嚐出小麥的風味。「國產麵粉真是美味」，如果大家能夠理解小麥的價值，生產者的辛苦就能獲得回報，日本的農業就會變得興盛，環境也就會變得更好……我甚至幻想過如此遠大的夢想。對我個人來說，這是非常沉重的使命。因此，我和研究各國麵包、料理與甜點的山本百合子小姐攜手合作。本書將篩選出12種在日本最暢銷的麵包，為大家詳細介紹麵包的切法乃至於吃法（題外話是由「妄想特派員」撰寫）。

各麵包的章節中，收錄了麵包起源國家的專家訪談，以及各種不同作法的食譜。最後的「麵包食材食譜集」，可以根據手邊現有的食材，找出適合在當下製作的三明治或麵包。

「這個麵包該怎麼吃呢？」請不要再為此煩惱了。到麵包店買了麵包之後，只要稍微翻一下這本書，就能夠馬上找到答案。保證能夠讓你的麵包變得更加美味！

池田浩明、山本百合子

Content

目錄

妄想特派員報導

最簡單的麵包說明

這裡彙整了10項簡單了解麵包的重點。
首先,就先從了解麵包開始吧!

❶ 麵包是用什麼製作出來的?

麵包裡面必定有麵粉(小麥粉、裸麥粉等)、水、酵母、鹽巴4種材料(也有例外)。麵包可依副原料的不同,分成兩種類型。

> **簡約(LEAN;低糖油成份配方)**
>
> 4種基本原料+副材料(砂糖、油脂等)
>
> > 長棍麵包、洛斯提克麵包、坎帕涅麵包、吐司、午餐麵包、裸麥麵包、貝果

> **豐富(RICH;高糖油成份配方)**
>
> 4種基本原料+油脂(奶油等)、雞蛋、牛乳(或鮮奶油)、砂糖
>
> > 可頌、RICH吐司、奶油捲麵包、甜麵包等

還有其他類似的分類方法,麵包皮(吐司邊)較硬的種類稱為「硬式」,麵包皮、麵包芯比較軟的則稱為「軟式」。

❷ 麵包是怎麼製作出來的?

麵包的製作方法有好幾種,這裡就用最簡單的「直捏法」來介紹麵包的製作流程。

① 揉捏

又稱為混合攪拌。就是把原料混合在一起的意思。

② 發酵(一次發酵)

利用酵母讓麵團膨脹,增添麵團的風味。

③ 分割

將麵團分切成1個麵包的份量。

④ 成型

滾圓或塑型,使麵團成型。

⑤ 最終發酵(二次發酵/焙爐)

進一步發酵,將發酵狀態調整到最佳狀態。

⑥ 烘烤

放進烤箱烘烤。

❸ 讓麵包膨脹的「麵包酵母」

麵包酵母會把麵粉等原料內的糖分當成養分,並在迅速繁殖的同時,產生二氧化碳和酒精。這個過程稱為「發酵」。二氧化碳的產生能使麵團膨脹,而酒精的風味則會使麵包變得更加美味。

❹ 麵包的主要材料「麵粉」

製作麵包最常使用的麵粉就是「小麥粉」,蛋白質含量最多的是高筋麵粉。

小麥粉所含的蛋白質和水混合,進一步揉捏之後,就會形成麩質。麩質有著宛如橡膠般的性質,同時會像氣球那樣,把酵母釋放出的二氧化碳包覆起來,就能使麵包膨脹。

❺ 加進麵包裡的「水」

麵包大約會添加70%的水。麵粉內所含的澱粉,會在加水、加熱之後,產生糊化(詳情請參考p.123),製作出麵包的口感和美味。如果在麵團內加入更多的水,麵包就能變得更軟Q、更容易在嘴裡化開。

❻ 了解麵包的味道(麵粉篇)

用來製作麵包的麵粉,除了小麥粉之外,還有全麥粉、裸麥粉、米粉等種類。

小麥粉是,把包覆著小麥的外皮部分(麥糠)剔除後,所製作而成的白色粉末。味道比較清淡,可製作出延展性較好的麵團。

全麥粉則是沒有剔除麥糠(市面上也有剔除麥糠的種類),直接將小麥研磨成粉。風味較強烈,麵團的延展性較差,所以製作出的麵包較硬。

裸麥粉大多都是全麥粉,顏色呈現灰色。裸麥的蛋白質不會形成麩質(詳細請參閱p.90),製作出的麵包較紮實且厚重。

米粉不會產生麩質,通常會和小麥粉混合使用。可製作出有著如米飯般軟Q口感的麵包。

❼ 了解麵包的味道（麵包酵母／發酵種）
麵包酵母（酵母菌）是由適合麵包的菌株培養而成。特色是使用方便且發酵力穩定。製作出的麵包有著最經典的風味。發酵種（所謂的天然酵母）含有多種酵母和菌株，製作出的麵包有著獨特的風味、香氣、酸味和鮮味。發酵力比酵母弱，且比較費時費力。

❽ 了解麵包的形狀
麵包由外側的「麵包皮（Crust）」和內側柔軟的「麵包芯（Crumbs）」所構成。兩者的構成比例會因為麵包的外型而有不同。例如，像長棍麵包那種可以品嚐到較多麵包皮的麵包，或是像吐司那種可以品嚐到較多麵包芯的麵包。
一般來說，麵包皮較硬的麵包，風味較濃厚，麵包芯較軟，濕潤的風味較細緻。

❾ 靠切法改變味道
依切法的不同，品嚐的方便性或味道的感受也會大不相同。例如，吐司之所以分成4、5、6、8、12片切，就是為了讓吐司更加符合吐司用或三明治用等各種不同的品嚐目的。有厚切才好吃的麵包，自然就會有薄切比較美味的麵包。

❿ 靠烤法改變味道
跟切法一樣。麵包的烤法也能瞬間改變味道。有些麵包烤焦一點比較好吃，有些則是不要太焦，風味才能剛剛好，當然，也有完全不烤就很美味的麵包。

【 本書的使用方法 】
本書是日本當地常見的12種麵包的使用說明書。刊載的內容包含麵包的基本資訊（包含發源地、語源／材料）、製作方法的特色、切法、烤法、創意、正統的吃法，同時也從吃法中精選出各種麵包的美味吃法。最後還收錄有麵包的相關基礎知識，以及讓麵包更加美味的食譜集。

關於本文
●麵包名稱依照一般方式標記。 ●法＝法國、英＝英國、義＝義大利、德＝德國、美＝美國。

關於材料
●依情況的不同，有時會在（ ）內標記也可以添加的材料。

關於切法
●切出漂亮切口的訣竅，請參考p.128。

關於烤法
●烤箱使用1000W的機種。 ●「預熱」是指在放進麵包之前，先加熱烤箱。

關於食譜
●食譜相關的注意事項，請參考p.131的「使用食譜時的補充事項」。

關於配酒
●刊載符合「吃法」的酒類。 ●紅酒標記如下，Light＝輕盈酒體、Medium＝中等酒體、Full＝厚重酒體。 ●以下也整理了適合搭配享用的酒和麵包。請多加參考，細細品嚐。

氣泡酒　可頌、布里歐麵包
紅酒　坎帕涅麵包
威士忌　法國長棍麵包、山型吐司、坎帕涅麵包
高球　麵包配油炸原料和培根
日本酒　加了起司的麵包／甜內餡的麵包、奶油麵包／添加了尺寸中等的橄欖的麵包／辣味可樂餅麵包
燒酒　麥燒酒適合長棍麵包

法國長棍麵包

【 簡單、純粹，所以可能性無限大 】

〔發源、語源〕

19世紀初，在法國巴黎誕生的都會麵包（說法眾說紛紜）。
Baguette（長棍麵包）在法語中指「杖」的意思。
與英語的「Stick」意思相同。

〔材料〕

小麥粉、水、鹽巴、麵包酵母、（麥芽）

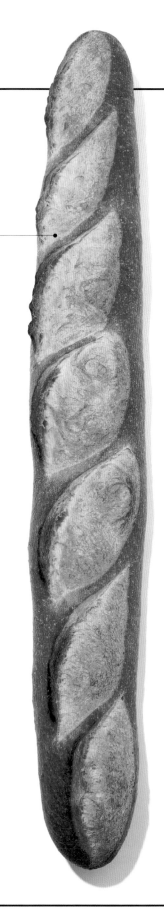

刀痕

小麥粉、水、鹽巴、酵母。用最少的原料製成，最基本的
麵包。和圓法鍋麵包（Boule）相比，長棍麵包能夠緊密
地排列至烤箱的深處，烘烤時間也比較短，製作成三明治
的時候，也能夠減少切的次數。因為同時也符合喜歡麵包
皮更勝於麵包芯的國民性，所以棒狀長棍麵包的普及速度
十分快速。

法國人的三餐，餐餐都缺少不了這種麵包。有時當成料理
的配菜，有時製作成三明治。可說是法國飲食文化的根
本，就跟日本人熱愛白米飯一樣。

長棍麵包的前端和底部硬脆，刀痕周圍酥鬆。內部卻出乎
意料地濕潤。從焦香的刀痕邊緣，到充滿小麥細膩風味的
麵包芯，口味的變化十分多元，不論是肉類、魚類或蔬
菜、西式或日式，各式各樣的料理都非常適合。可以抹上
奶油，也可以搭配巧克力或果醬，變身成小朋友最愛的點
心。

缺點是容易變乾。從出爐的那一刻開始，風味就會逐漸流
失。甚至還有「法國人不吃隔夜長棍麵包」的誇張說法。
建議當天享用，不要留到隔天，才能品嚐到完整美味。

氣泡　　　　麵包芯

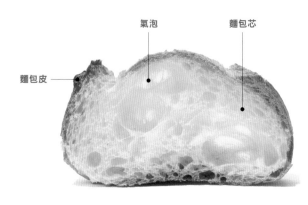

麵包皮

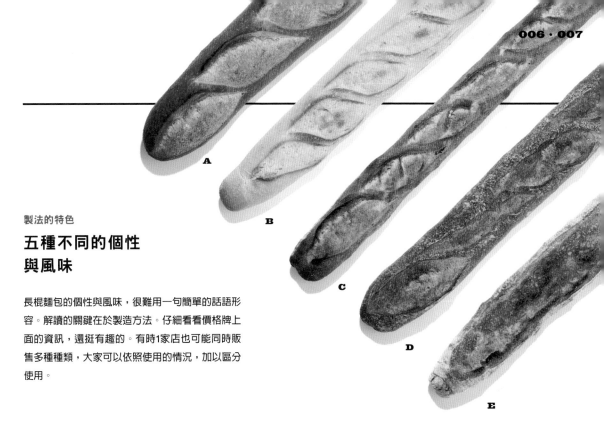

A

B

C

D

E

製法的特色

五種不同的個性
與風味

長棍麵包的個性與風味，很難用一句簡單的話語形容。解讀的關鍵在於製造方法。仔細看看價格牌上面的資訊，還挺有趣的。有時1家店也可能同時販售多種種類，大家可以依照使用的情況，加以區分使用。

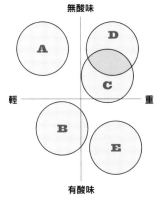

A 基本的長棍麵包（直捏法）

製法

麵包之神雷蒙德・克拉維（Raymond Calvel）所開發，採用所謂1次發酵3小時的正統製法。

特徵

口感輕盈，外皮酥脆，好咬，容易食用。

適合的料理

雞蛋料理、沙拉等輕食料理、漢堡等西式餐點。

B 搭配魯邦酵種（Levain）

製法

搭配魯邦酵種。在前一天塑型後，冷藏一晚。梅森凱瑟（MAISON KAYSER；源自巴黎的麵包名店）採用的製法。

特徵

有著源自魯邦酵種的天然香氣，口感十分輕盈。

適合的料理

除了雞肉、白身魚等味道細膩的料理之外，其他都適合。

C 長時間發酵

製法

在烘烤的前一天揉捏麵團，熟成一晚。小麥的糖分和鮮味成分會在熟成期間釋出，產生甜味。

特徵

外皮顏色較深，風味也比較濃郁。高度較塌扁，口感也比較厚重。

適合的料理

適合搭配味道濃郁的料理或燉煮料理等。

D 傳統法國金棍／全麥粉

製法

用成分無調整的小麥粉所製成的「傳統法國金棍」。也會使用小麥味道較濃的部位或全麥粉。

特徵

口感較重，同時，風味也較豐富。餘韻也相對較久。

適合的料理

活用素材感的料理。鴨肉或羊肉等風味較強烈的料理。

E 坎帕涅長棍麵包（發酵種）

製法

把坎帕涅麵包的麵團（參考p.26）塑型成長棍麵包的樣子。使用白小麥粉、魯邦酵種、全麥粉、裸麥。

特徵

風味最厚重，非常有嚼勁。

適合的料理

氣味獨特或充滿野性味的料理。熟成香氣強烈的起司或火腿、海鮮湯等。

切法

只要改變切法，美味也會改變

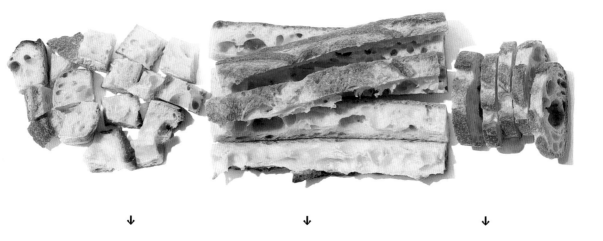

↓ ↓ ↓

骰子切

1.5cm丁塊狀、2cm丁塊狀的大小尤佳。麵包丁（參考下列）使用於湯品或沙拉、歐姆蛋。

麵包丁

把切成1.5cm丁塊狀的麵包平鋪在耐熱盤，用微波爐（500W）加熱2分鐘，將整體混拌均勻後，再次攤開，加熱1分鐘。裹上適量的橄欖油（或融解的奶油），放進烤箱，烤至焦黃色。

條狀切

切成條狀後，藉由烘烤增加嚼勁，搭配沾醬或醬料一起品嚐。

法國水煮蛋（帶殼溏心蛋）

把切成條狀的麵包烤一下。製作半熟水煮蛋（參考p.132），把上方連同蛋殼一起切掉。撒上鹽巴、胡椒，一邊沾著蛋黃品嚐。

薄片切

切成厚度約1cm左右的薄片，是否烘烤可依個人喜好。斜切成片狀後，剖面會變大。

B

A

2種開胃小菜

切成1cm厚，A不烤，直接抹上奶油起司，再放上自製半乾番茄（參考p.143），撒上普羅旺斯香料（南法產混合香草）。B烤過後，抹上自製酸豆橄欖醬。

長棍麵包可藉由切法的不同改變味道。切哪個部分、朝哪個方向切、切出多少厚度。以下解說品嚐的方法，以及適合料理的切法。或許就能一掃「很硬、不容易吃」的偏見。

厚片切

垂直或斜切成厚度2～3cm的厚片，依照人數份量，放進竹籃等容器裡面。

蝴蝶切

三明治用的切法。從側面切出切口。只要從側面略上方的位置斜切入刀，就可以清楚看到餡料。

橫切

塔丁（法式開放三明治）用的切法。把長棍麵包立起來，從正上方入刀，就會比較容易切。

燉煮料理等

搭配「速成紅酒燉牛肉」、「油封雞胗溫沙拉」等料理（參考p.16～17）一起上桌。吃的時候，從竹籃內取一片，放在自己的麵包盤上面。

尼斯洋蔥塔風味的塔丁

把適量的油封洋蔥（參考p.144）平鋪在麵包的剖面，放上2顆切片的黑橄欖、1尾切碎的鯷魚，淋上橄欖油，放進烤箱，烤至麵包邊緣酥脆。

火腿三明治

把2片去骨火腿平鋪在盤上，淋上適量的白酒，撒上胡椒，至少在冰箱內放置10分鐘。麵包切出切口，在內側抹上10g的奶油（無鹽奶油尤佳），依序夾上瀝乾白酒的火腿、自製醃菜（小黃瓜／參考p.148）。

烤法

喚醒隔夜的長棍麵包

基本烤法　長棍麵包放進烤箱回烤之後，麵包皮往往會變硬，麵包芯也會變得乾乾的。因此，必須添加水分，再加上鋁箔紙，預防麵包芯烘烤過度。最後再把鋁箔紙拿掉，將外皮烤脆。

不要噴到外皮

① 切成個人偏愛的形狀（參考p.8～9）。

② 利用噴霧器，按壓一次，把水噴在剖面的裡外。

乾煎長棍麵包　經過一段時間，長棍麵包變得乾燥之後，乾脆直接乾煎吧！推薦一個平底鍋就能製作完成的乾煎長棍麵包。關鍵就是把表裡都煎得焦香酥脆。

也可以用橄欖油、蒜香油取代奶油

① 切成厚度1cm的片狀。

② 把10g的奶油放進平底鍋加熱，奶油融化後，把①的長棍麵包放進鍋裡。將兩面煎至焦黃酥脆程度。

細長的長棍麵包容易乾燥，隔夜之後，味道更會大幅流失，這部分可說是長棍麵包的一大缺點。如果能在當天立刻享用，當然是最好，如果還有剩餘部分，只要稍微改變一下烤法，就能再次喚醒長棍麵包，就像是剛出爐一般。

若只切一刀，就不用拼裝

③ 把長棍麵包拼回原本的樣子，用鋁箔紙包起來。

④ 用預熱3分鐘的烤箱烤5分鐘。

⑤ 拿掉鋁箔紙，再烤1分鐘，直到外皮酥脆。

製作塔丁時的回烤法

經過一段時間後，長棍麵包的水分和風味就會流失。只要泡一下風味液，彌補不足後再進行回烤，即便是經過一段時間的長棍麵包，還是能恢復原始的美味。

外皮不要浸泡

① 以橫切方式，將長棍麵包切成對半。

② 把風味液（橄欖油：白酒：水＝1：1：3）倒進調理盤，讓作為表面的那一面稍微浸泡一下。

③ 用預熱3分鐘的烤箱加熱。表面乾燥後，就完成了。

創意變化 ❶
依形狀、大小的不同，
名稱、吃法也各不相同

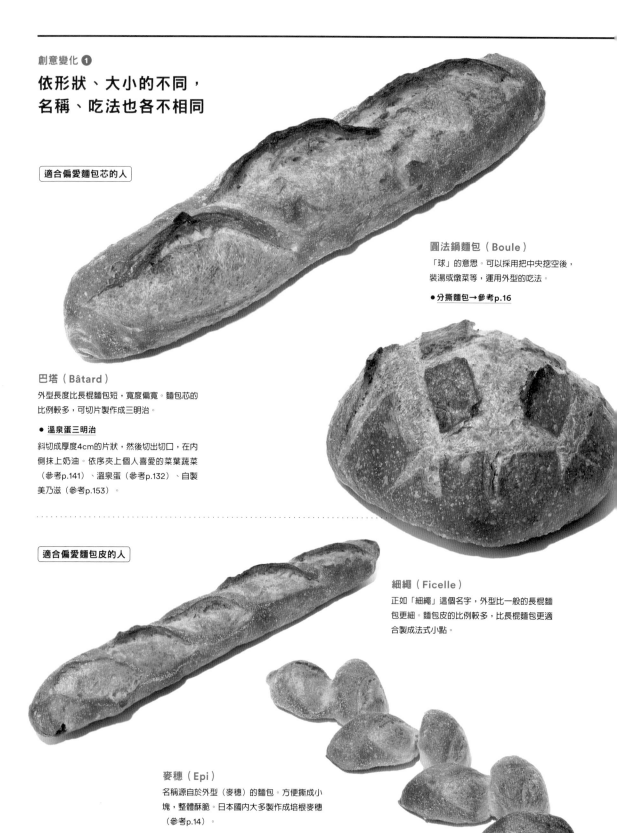

適合偏愛麵包芯的人

圓法鍋麵包（Boule）
「球」的意思。可以採用把中央挖空後，
裝湯或燉菜等，運用外型的吃法。

● 分撕麵包→參考p.16

巴塔（Bâtard）
外型長度比長棍麵包短，寬度偏寬。麵包芯的
比例較多，可切片製作成三明治。

● 溫泉蛋三明治
斜切成厚度4cm的片狀，然後切出切口，在內
側抹上奶油。依序夾上個人喜愛的菜葉蔬菜
（參考p.141）、溫泉蛋（參考p.132）、自製
美乃滋（參考p.153）。

適合偏愛麵包皮的人

細繩（Ficelle）
正如「細繩」這個名字，外型比一般的長棍麵
包更細。麵包皮的比例較多，比長棍麵包更適
合製成法式小點。

麥穗（Epi）
名稱源自於外型（麥穗）的麵包。方便撕成小
塊，整體酥脆。日本國內大多製作成培根麥穗
（參考p.14）。

「棍棒」、「蘑菇」、「煙嘴」……有著各種獨特名稱的法國麵包。其實全都是利用長棍麵包的麵團所製作而成的。只要外型改變，味道也會改變，就連用途也會跟著改變。為各位介紹各自不同的特徵與吃法。

隨餐附

雙胞胎（Fendu）
「裂縫」的意思。可以運用中間的裂縫，用手把麵包剝成兩半，所以吃起來很方便。

小麵包（Petits pains）
容易按人份配置在餐桌上的外型。不光是精緻料理，同時也可以製成迷你三明治。

● 約翰麵包

麵包橫切，稍微烤一下。將1小匙植物油放進平底鍋加熱，油熱之後，放進豬絞肉50g、洋蔥細末30g、鹽巴、胡椒、咖哩粉各少許，持續拌炒至洋蔥變軟。倒入蛋液1顆，把麵包的剖面朝下，放進鍋裡，一邊按壓麵包，一邊香煎。

蘑菇麵包（Champignon）
「蘑菇」的意思。圓形麵包上面的平坦菇傘部分很酥脆、美味。

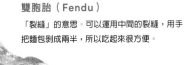

橄欖形麵包（Coupé）
因為表面有一道刀痕，所以又被稱為「刀痕」。也適合用來製作三明治。

● 檸檬草牛肉風味的越式法國麵包

從正側面略上方的地方斜切入刀，切開後稍微烤一下。內側抹上奶油，依序夾上紅萵苣、小黃瓜（厚度2～3mm的便籤切）、檸檬草牛肉（參考p.135）、越式法國麵包用的涼拌胡蘿蔔絲（參考p.146）、芫荽。

菸盒（Tabatière）
「菸盒」的意思。向外延伸的菸盒蓋部分比較薄，尤其前端部位更是酥脆。

創意變化 ❷

加點巧思，更添美味

混搭各種豐富配料，口味多變的長棍麵包特別暢銷。雖說長棍麵包直接吃也很美味，不過，偶爾也可以試著利用手邊現有的食材稍微「花點巧思」，改變一下味道。讓截然不同的味道在嘴裡擴散。

培根麥穗

就如大家所知道的，就是添加了培根的麵包。只要切開成1個或2個，就能成為更容易食用的形狀。

運用培根的鮮味

取2節麥穗。抹上適量的黃芥末美乃滋（參考p.153），放進烤箱，把美乃滋烤至焦黃。

取2節麥穗。全面塗抹上奶油起司，鋪上洋蔥絲，放進烤箱，把洋蔥的前端烤至微焦。撒上胡椒。

起司

麵包中央有起司流出，製成三明治，格外好吃。

出乎意料？和香辛料、酸味格外契合

麵包切片，鋪上起司，放進烤箱，把起司烤至融化，呈現焦黃。一邊沾孜然風味橄欖油（參考p.132）品嚐。

直接烤也非常好吃，不過，增加起司更添濃郁！

把鹽醃牛肉25g、義大利香醋1/2小匙多、巴西里細末1/2大匙拌勻，鋪在切片的麵包上面，放進烤箱，把麵包邊緣烤至酥脆程度。

核桃

硬且帶有嚼勁。切成薄片比較容易食用。核桃是味覺的
重點所在，也可以搭配料理。

運用核桃的濃郁與香氣

麵包斜切成片，鋪上撕碎的藍紋
起司。用火爐的炙烤功能把舞茸
烤至焦黃，鋪在最上方，再加上
少量奶油。

> 也可以採用奶油起司＋
> 楓糖漿等，起司與甜味
> 調味料的搭配。

玉米

玉米釋出的甜味湯汁，帶給麵包天然的甜味。與北海道
產小麥相當契合。

玉米的甜就是要搭配乳製品或湯

把麵包橫切成1/2，在剖面抹上
迷迭香醬（參考p.153）。放進
烤箱，烤至美乃滋呈現焦黃程
度。

> 田螺奶油（參考p.156）＋
> 馬鈴薯泥（參考p.146）的
> 組合也很適合。

大納言紅豆

內含甜煮紅豆的麵包。固定採用馬蹄鐵造型。也有些是採用紅菜豆。

甜豆搭配奶油或奶油醬是正統吃法

把無鹽奶油切成厚度3mm的片
狀，放進冷凍庫。麵包橫切成對
半，放上冷凍的奶油，撒上顆粒狀
的鹽巴，夾起來。

> 酸奶油＋
> 黑砂糖、無鹽奶油＋
> 肉桂糖也十分推薦。

巧克力

混入巧克力脆片的麵包。有些則會添加乾果或白巧克力。

搭配與巧克力十分對味的食材

在麵包中央切出切口，擠入蘭姆發
泡鮮奶油（參考p.157），如果有
話的，就再裝飾上乾櫻桃。

> 奶油＋
> 柑橘醬或樹莓果醬
> 也很推薦。

吃法 ❶

享用新鮮的長棍麵包

配酒 啤酒、高球

分撕麵包

使用圓法鍋麵包製作，在美國十分受歡迎的麵包。
因為吃的時候是用手撕下填滿內餡的麵包，因而有了這樣的料理名稱。

材料（直徑15cm的圓法鍋麵包1個）

生火腿（火腿片尤佳）… 40g
莫扎瑞拉起司 … 1塊（100g）
巴西里（生、葉、細末）… 1/2大匙
杏仁（烘烤、無鹽）… 20g
融化奶油（或橄欖油）… 20g
圓法鍋麵包（直徑15cm）… 1個

＊只要有起司，也可以把食材換成
其他食材。起司種類沒有侷限，乳
酪絲、奶油起司、卡芒貝爾乾酪等
都可以。

製作方法

❶ 用手把生火腿撕成小片。莫扎瑞拉起司盡可
能薄切，杏仁切成碎粒。

❷ 在麵包的表面切出格子狀。中央部分要盡可
能切深一點。

❸ 依序把②的莫扎瑞拉起司、生火腿、杏仁，
塞進①切開的切口，用鋁箔紙把整體包起來。

❹ 把③的麵包放在鋪有烤盤紙的烤盤上，用加
熱至180℃的烤箱烤15～20分鐘。

❺ 拿掉④的鋁箔紙，將融化奶油塗抹在表面，
撒上巴西里。再次用180℃的烤箱烤10～15分
鐘。

配酒 葡萄酒（粉紅、紅）

油封雞胗溫沙拉

放滿大量食材，豪邁的沙拉料理是法國咖啡廳的經典餐點。
起司種類不拘，豪達起司、切達起司、加工起司都可以。

材料（1人份）

油封雞胗
　雞胗（切片）… 100g
　蒜頭（泥）… 1瓣（5g）
　百里香（生的尤佳）… 1支
　橄欖油 … 1大匙
　鹽巴、胡椒 … 各少許
全熟水煮蛋（參考p.132）… 1顆
艾曼塔起司 … 40g
菜葉蔬菜（依個人喜好／參考p.141）
… 80g
小番茄 … 5顆
油醋醬
　白酒醋 … 1/2大匙
　鹽巴 … 1/5～1/4小匙
　蜂蜜 … 1小匙
　橄欖油 … 2大匙
　胡椒 … 少許
巴西里（生、葉、細末）… 適量

製作方法

❶ 製作油封雞胗（參考p.138）、全熟水煮蛋
（參考p.132）、油醋醬（參考p.153）。全熟水
煮蛋冷卻後，切成梳形切。

❷ 菜葉蔬菜撕成容易食用的大小，裝盤。

❸ 小番茄縱切成對半或4等分，起司切成骰子
切。

❹ 在②的菜葉蔬菜上面妝點上①和③的食材，
淋上油醋醬，撒上巴西里。

介紹適合搭配長棍麵包一起吃的料理。首先介紹的料理適合搭配剛買回家的新鮮長棍麵包。
全都是使用日本當地可以買到的食材，重現當地傳統吃法的料理。

速成紅酒燉牛肉

法國的紅酒產地勃艮第的紅酒燉牛肉（Boeuf bourguignon）。
添加的水量調整成150ml，就能把燉煮時間縮短成30分鐘。

配酒 紅酒

材料（4人份）

牛肉（咖哩燉菜用）… 500g
培根 … 100g
洋蔥 … 1個（250g）
胡蘿蔔 … 1條（150g）
蘑菇 … 150g
蒜頭 … 1瓣（5g）
法國香草束（百里香、巴西里各2支、
月桂葉2片，用棉線綁成一束）… 1束
紅酒 … 1/2瓶（375ml）
植物油 … 1大匙
奶油 … 15g
低筋麵粉 … 1大匙
水 … 250ml
鹽巴 … 1小匙
蜂蜜 … 1大匙
胡椒 … 少許

製作方法

❶ 把牛肉、法國香草束、紅酒倒進夾鏈袋封起來。不過，夾鏈袋邊緣要預留3cm的開口。
❷ 把①的夾鏈袋放進倒滿水（份量外）的碗裡面浸泡，慢慢把袋內的空氣排出。空氣完全排出後，將袋口完全封起來。
❸ 把②的夾鏈袋放進冰箱，冷藏30分鐘～1小時。
❹ 洋蔥切絲、胡蘿蔔削皮後，切成厚度5mm的片狀、蘑菇切成厚度5mm的片狀、蒜頭切成細末。培根切成1cm寬。
❺ 把③確實瀝掉紅酒的牛肉，放進用中火把油加熱的鍋子，煎煮牛肉表面。整體呈現焦色後，

倒進調理盤。紅酒、法國香草束留著備用。
❻ 把奶油放進同一個的鍋子，奶油融化之後，加入④的洋蔥、培根，持續翻炒，直到洋蔥變透明。
❼ 把⑤的牛肉倒回⑥的鍋子，撒入低筋麵粉。
❽ 把④的胡蘿蔔、蘑菇、蒜頭放進⑦的鍋子，持續翻炒，直到水分收乾。
❾ 把⑤的紅酒、法國香草束、水、鹽巴，倒進⑧的鍋子，輕輕攪拌後，蓋上鍋蓋。沸騰後，撈除浮渣，改用小火，燉煮1小時。
❿ 在⑨的鍋子裡加入蜂蜜、胡椒，充分攪拌。
⓫ 試味道，用鹽巴（份量外）調味。

吃法 ❷

讓變硬的長棍麵包更美味

配酒 白酒（辣口）、威士忌

法式焗洋蔥湯

法國冬季湯品的代表。
琥珀色的洋蔥用微波爐加熱，大幅縮短了拌炒的時間。

材料（2人份）

乳酪絲 … 80〜100g
奶油 … 15g
洋蔥 … 1個（250g）
蒜頭 … 1/2瓣（2.5g）
低筋麵粉 … 1大匙
白酒 … 25ml
雞湯 … 500ml（或是把1塊雞湯塊
放500ml的熱水裡融解）
鹽巴 … 1/5小匙
胡椒 … 少許
肉豆蔻（粉）… 少許
長棍麵包（斜切、厚度2cm）… 2片

製作方法

❶ 洋蔥與纖維呈直角，盡可能切成細絲。蒜頭切成細末。

❷ 把廚房紙巾鋪在耐熱盤內，平鋪上洋蔥，蓋上保鮮膜，用微波爐（500W）加熱3分30秒。加熱後，用廚房紙巾確實吸乾釋出的水分。

❸ 用小火加熱鍋子，放進奶油，奶油融解後，把②的洋蔥放進鍋裡炒，直到洋蔥呈現琥珀色。

❹ 把低筋麵粉放進③的鍋裡稍微翻炒，依序加入白酒、雞湯，一邊融解稀釋。

❺ 把④的蒜頭、鹽巴、胡椒、肉豆蔻放進①的鍋裡，蓋上鍋蓋，用小火燉煮20分鐘。

❻ 麵包放進烤箱，把麵包邊緣烤至酥脆。

❼ 把⑤的材料倒進耐熱碗，把⑥的麵包放在上方，撒上起司，放進加熱至250℃的烤箱（如果有就用上火）烤15分鐘，直到起司融解，呈現焦黃色。

〈應用〉法式焗洋蔥麵包

把麵包斜切成片，放進焗洋蔥湯（即溶湯包也可以）裡面浸泡，放在鋁箔紙上面，避免湯汁溢出。依序放上培根、洋蔥片、起司，放進烤箱烤，直到起司融解，呈現焦黃色，撒上胡椒和巴西里。

吃剩的長棍麵包變硬之後，就會因為不知道該怎麼吃而大傷腦筋。為各位介紹，歐洲當地流傳，讓麵包變好吃的智慧。
經過一段時間，麵包的水分揮發之後，味道就會變濃，口感也會變得更加酥脆，也算是另一種好處。

半乾番茄的義式麵包沙拉

以托斯卡尼（Toscana）為首的義大利中部常見的麵包沙拉。
把番茄、小黃瓜、洋蔥、羅勒混在一起拌勻是最正統的做法。

材料（2人份）

自製半乾番茄（參考p.143）
… 50～70g
小黃瓜 … 1條（150g）
紅洋蔥 … 1/4個（50g）
羅勒（生、葉）… 6～8片
水 … 50ml
白酒 … 1～2大匙
橄欖油 … 3大匙
白酒醋 … 1/2大匙
鹽巴 … 1/2小匙
胡椒 … 少許
長棍麵包 … 100g（約1/3條）

製作方法

❶ 把水和白酒倒進盤裡，稍微混合，放進麵包浸泡。麵包變軟至某程度後，將麵包切成1.5cm的丁塊狀，再次浸泡。
❷ 小黃瓜切成骰子切，洋蔥切成細末。
❸ 把橄欖油、酒醋、鹽巴、胡椒、❷的洋蔥放進碗裡，充分拌勻。
❹ 把半乾番茄、❸的小黃瓜、❷的麵包，放進❶的碗裡，充分拌勻。
❺ 上桌之前，加入用手撕碎的羅勒，稍微拌勻。

＊也可以加入切成對半的橄欖。

冷番茄湯

西班牙安達盧西亞的番茄麵包湯。
正統的飾頂是生火腿和水煮蛋，不過，也可以加上更多蔬菜，讓色彩更豐富。

材料（2人份）

番茄 … 2個（300g）
蒜頭 … 1瓣（5g）
水 … 5大匙
橄欖油 … 2大匙
鹽巴 … 1/4小匙
蜂蜜 … 1小匙
長棍麵包 … 50g（約1/6條）
飾頂
　生火腿（白豬火腿尤佳）… 1片
　全熟水煮蛋（參考p.132）
　… 1/2個
　小黃瓜 … 1/2條
　紅椒 … 1/4個
　胡椒 … 少許
　橄欖油 … 適量

製作方法

❶ 麵包切成骰子切，用2大匙的水泡軟。
❷ 番茄用熱水汆燙後，切成滾刀切，蒜頭切成碎粒。
❸ 把❶的麵包和❷的材料，放進攪拌機。材料攪拌至某程度的細碎後，直接放置5分鐘。
❹ 把橄欖油倒進❸的攪拌機裡面，持續攪拌至材料呈現膏狀。
❺ 把鹽巴、蜂蜜、1大匙水倒進❹的攪拌機裡面攪拌。
❻ 再加入剩餘的水，攪拌調整至個人喜歡的濃度。
❼ 裝盤，在上方擺放切成1cm丁塊狀的生火腿、全熟水煮蛋、小黃瓜、甜椒。撒上胡椒，淋上橄欖油。

＊也可以使用坎帕涅麵包、洛斯提克麵包、拖鞋麵包或吐司等製作。

洛斯提克麵包＆洛代夫麵包

【彈性十足，高含水量】

發源、語源

洛斯提克（Rustique）：法語意指「粗曠」。
因為沒有整型，所以形狀不一致。
洛代夫（Pain de Lodève）：南法洛代夫村的當地麵包。

材料

小麥粉、水、鹽巴、麵包酵母、（麥芽）、
（僅洛代夫）魯邦酵種

很像長棍麵包，卻又不是長棍麵包。這兩種法國麵包具有相同的特徵。首先是水含量比較高。一般法國麵包的水含量是小麥粉的70％左右，而這兩種麵包的水含量則是80％上下～90％以上。這便是濕潤、入口即化的秘密所在。另一個共同特徵是不進行整型（參考右頁）。然後，採用高溫烘烤，利用水蒸氣促使麵包膨脹的這一點也是相同的。麵包皮比長棍麵包薄，口感薄脆。

不同的部分是，洛代夫採用的是魯邦酵種。魯邦酵種特有的酸味，能夠增進食欲。另外，洛代夫的成品幾乎都是大尺寸。可以切成厚度1.5cm的切片，搭配料理一起上桌，也可以採用橫切，夾上餡料（也可應用p.78～79佛卡夏的餡料），製作成三明治。既能確實感受麵包皮的風味，也能吃得更加美味。另一方面，洛斯提克的尺寸較小，以1人份的份量烘烤而成，也很容易製作成三明治。

兩種麵包的水分含量很高，軟Q的口感會讓人聯想到白米飯或麻糬，同時也和日式料理十分契合。這兩種麵包曾為日本麵包業界帶來衝擊，促使市場增加許多高含水量的麵包。

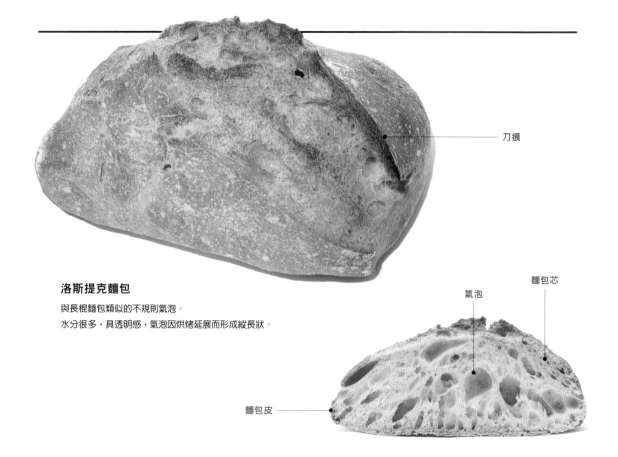

刀痕

洛斯提克麵包
與長棍麵包類似的不規則氣泡。
水分很多，具透明感，氣泡因烘烤延展而形成縱長狀。

麵包芯

氣泡

麵包皮

製法的特色

以最少工序製成，十分柔軟

通常把發酵完成的麵包分割成單一份量後，都會再進行整型，不過，洛斯提克和洛代夫則不進行整型。因此，方形的形狀才會產生凹凸現象。因為是以麵團切割後的狀態直接烘烤，沒有對麵團施加壓力，所以才會變得柔軟，留住更濃醇的小麥風味。

分割成單一份量的情況。盡量切成方形，不進行整型，直接烘烤。

氣泡

麵包芯

麵包皮

洛代夫麵包

和洛斯提克麵包類似，有著具透明感的縱長氣泡。因採高溫烘烤，所以麵包皮比長棍麵包更薄。

表面有粉

刀痕

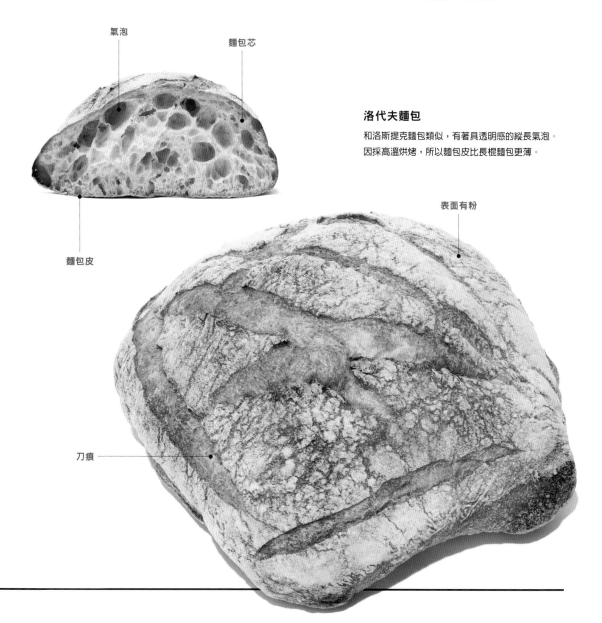

吃法
品嘗小麥風味和軟Q感

加泰羅尼亞番茄麵包　生火腿三明治

把蒜頭和番茄隨興塗抹在麵包剖面上的西班牙吃法。
最上面的生火腿務必選用西班牙產。

材料（1個）

生火腿（白豬火腿或伊比利豬）
… 1片
番茄 … 1/4個
蒜頭 … 少許
牛至（乾的尤佳）… 1～2撮
橄欖油 … 1大匙
洛斯提克麵包 … 1個

製作方法

❶ 從下方的1/3處，將麵包橫切開來，番茄薄切成4～5片。
❷ 把蒜頭刮擦在❶的麵包剖面，再淋上橄欖油。
❸ 把❶的番茄鋪在下層的麵包上。用叉子按壓，讓番茄的湯汁滲進麵包裡面，撒上牛至。
❹ 把生火腿鋪在上層的麵包，再和❸的麵包合併夾起來。

＊也可以當成開放式三明治，把番茄和生火腿分開來享用。

配酒 葡萄酒（紅、白）

土耳其鯖魚三明治

夾上烤鯖魚的土耳其三明治「烤魚三明治（Balik Ekmek）」。
就算不使用醬料或調味料，依然美味出眾。

材料（1個）

烤鯖魚
　鯖魚 … 1/2塊（3片切的半塊）
　橄欖油 … 1/2～1大匙
　鹽之花（或高優質的天然鹽）
　　… 適量
　百里香（乾）… 2撮
洋蔥 … 1/10個（25g）
萵苣 … 1大片
檸檬 … 1/12個
奶油 … 3g
洛斯提克麵包 … 1個

製作方法

❶ 洋蔥盡可能薄切，萵苣分成4等分，一起放進冰水浸泡。
❷ 製作烤鯖魚。鯖魚去除殘餘的小刺或魚鰭，用廚房紙巾擦乾水分。利用火爐的炙燒功能，把兩面煎烤至外皮呈現焦黃。
❸ 把橄欖油淋在❷的鯖魚上面，撒上鹽之花、百里香。
❹ 從下方的1/3處，把麵包橫切開來，在下層麵包的剖面上抹上奶油。
❺ 用濾網把❶的洋蔥和萵苣撈起來，用廚房紙巾擦乾水分。
❻ 依序把❺的萵苣、洋蔥、❸的鯖魚，放在❹的上面。
❼ 在吃之前，把檸檬汁擠在鯖魚上面，再用上層的麵包夾起來。

配酒 啤酒、高球、白酒（辣口）

兩種麵包的共同特徵是，①有小麥口感殘留的麵包、②讓人聯想到剛煮好的米飯，軟Q、入口即化的口感。

因此，非常適合可以直接吃到原形食材的料理。也非常適合日式小菜或搭配白米飯的料理。

章魚熟食沙拉

用以橄欖油為基底，添加了蒜頭和鯷魚的特製油，將素材拌勻，

再搭配洛斯提克麵包或洛代夫麵包一起上桌。

材料（2人份）

章魚 … 100g

蘑菇 … 6朵

酪梨 … 1個（170g）

檸檬汁 … 適量

特製油

　橄欖油 … 4大匙

　蒜頭（泥）… 1/2小匙

　鯷魚醬 … 1小匙多

　檸檬汁 … 2小匙

　砂糖 … 1/3小匙

　芝麻油 … 1/4小匙

胡椒 … 少許

洛代夫麵包 … 適量

製作方法

❶ 製作特製油。把橄欖油、蒜頭、鯷魚放進小的平底鍋，用中火加熱，持續翻炒直到蒜頭呈現焦黃色。

❷ 把檸檬汁、砂糖放進碗裡，用小的打蛋器攪拌，使砂糖充分融解。

❸ 依序把熱度消退的①、芝麻油，放進②裡面，每加入一種材料，都要充分拌勻，再加入下一種材料。

❹ 使用生章魚的時候，撒上鹽巴（份量外），用流動的水清洗，重複這樣的清洗作業數次，把章魚上面的黏液清洗乾淨。用熱水煮3～5分鐘，再泡一下冰水。使用水煮章魚的時候，用熱水汆燙30秒左右，放進冰水裡泡一下。

❺ 用濾網把❹的章魚撈起來，用廚房紙巾擦乾水分，切成一口大小。

❻ 蘑菇切成4等分。

❼ 酪梨去除外皮和種籽，切成一口大小，淋上檸檬汁，避免酪梨發黑。

❽ 把❺、❻、❼，放進③裡面，充分拌勻。試味道，用橄欖油、鹽巴、檸檬汁（以上全是份量外）調味。

❾ 裝盤，撒上胡椒，隨附上檸檬（梳形切／份量外）、麵包。

配酒　啤酒、白酒

妄想特派員報導 ①

法國麵包的美味吃法，就近在咫尺！

我是喜歡日本的法國人貝吉丁。我終於在前陣子實現了願望，首次前往日本東京旅行。那段時間我去了很多地方，新宿、澀谷、銀座……可是，卻令我大失所望。到處都是高樓大廈和滿街的車輛。我知道現在已經沒有崇尚月代頭的人了，但是，眼前的景象實在太近代，和我印象中的日本相差太遠了。在我帶著悲傷心情滯留在日本的最後一天。我發現了一處令人驚豔的街道。那個地方叫谷中。有著老舊的建築物和庶民性的商店街。那裡有許多日本的美食，真的很棒！

讓我印象最深刻的是，名為「石川屋」的雜貨店。裡面有許多我從未見過的傳統小菜和日式食材！很想馬上大快朵頤！可是那裡沒辦法內用。真是傷腦筋……這個時候，我突然想到！背包裡面有飯店房間內沒有吃完的長棍麵包！於是，我用紅酒開瓶器隨附的小刀把麵包切開，直接把小菜放在麵包上面，就這樣開始吃了起來。哎呀呀，我的天哪！每一種都超級美味！五目豆是日本版的小扁豆沙拉、豆渣感覺像是鷹嘴豆泥（參考p.149）似的。葉唐辛子就像日語所謂的「餐間小菜」？口感清爽，非常好吃。羊栖菜煮。哇喔～吃海藻。真是非常特別的文化。炒雪裡紅是用煎的菜葉蔬菜？芝麻香氣非常濃郁！重點是，每一種小菜都非常適合長棍麵包！日本人的唾液量比我們法國人少吧？所以，如果搭配水含量較高的洛斯提克麵包或洛代夫麵包一起品嘗小菜，應該就會更加美味吧？

我最喜歡的是花生味噌。光是沾著吃，就能讓麵包一口接一口！味噌的氣味和藍紋起司非常相近，對吧？所以我認為應該也非常適合搭配坎帕涅麵包或裸麥麵包。

石川屋的老闆娘說，「現在的年輕人都不太喜歡吃小菜」。真是太可惜了！最後，我買了醬油和味噌。現在，我每天都會模仿製作，並搭配麵包一起品嘗。尤其是花生味噌的作法十分簡單，我已經做過好幾次了。順便跟大家分享一下食譜。下次再見囉！

發現適合搭配麵包的小菜！

1 | 2 / 3

1. 在谷中石川屋購買的小菜。左邊是羊栖菜煮、豆渣、花生味噌。右後方是炒雪裡紅、葉唐辛子、五目豆。 2. 小菜全部都是手工製作，味道溫和。除了白飯之外，也非常適合搭配麵包。 3. 位於東京‧谷中的石川屋是昭和4年（1929年）創立的老字號雜貨鋪。販售許多傳統的手工小菜、醃漬品、飲品等商品。

花生味噌

材料

花生（去殼）… 100g
味噌 … 1大匙
砂糖 … 1大匙
蜂蜜 … 1大匙
味醂 … 1大匙
植物油 … 適量
白芝麻 … 適量

製作方法

❶ 把味噌、砂糖、蜂蜜、味醂放進小碗，充分拌勻。
❷ 把花生放進用中火加熱的平底鍋，翻炒至花生呈現酥脆。
❸ 將②改用小火，倒入①的醬料熬煮。
❹ 把③的鍋子從火爐上移開，加入芝麻攪拌均勻。

長棍麵包切成厚度1.5cm的片狀，直接放進烤箱烤4分鐘，讓麵包呈現酥脆的焦黃色。出爐後抹上奶油，把花生味噌鋪在上面。

坎帕涅麵包

【 從鄉村出發。再次引領風潮 】

發源、語源

使用發酵種，同時也使用裸麥或全麥粉的厚重麵包。

材料

小麥粉、全麥粉、（裸麥）、發酵種（也有使用麵包酵母的種類）、水、鹽巴

坎帕涅麵包總是默默躲藏在全新登場的輕盈麵包背後。最具代表性的輕盈麵包就是在巴黎誕生的長棍麵包。這種被長棍麵包搶盡風頭，外型龐大且厚重的麵包就是「鄉村麵包」。其特色就是在巴黎市場十分常見，由近郊農家自製販售。

這種被時代遺忘的鄉村麵包，現在再次以「拓荒者」之名受到世界各地的矚目。就高含水量麵團、高溫烘烤的特徵來說，基本上就跟坎帕涅麵包相同。材料中的全麥粉或裸麥富含現代人往往不足的食物纖維和礦物質。現在，鄉村麵包已經與蓬勃發展的發酵文化產生共鳴，逐漸成為時代的尖端。

刀痕

表面有粉

麵包皮

麵包皮

氣泡

麵包芯

氣泡被堵住，麵包芯呈現褐色。
麵包皮厚且酥脆。

製法的特色

酵母、乳酸菌……微生物的居所「發酵種」

由發酵種製成是坎帕涅麵包的特徵。大多被稱為「天然酵母」或「酵母」的發酵種，其實不單只有酵母，同時也是乳酸菌等各種菌的居所。菌種能製造出酸味與鮮味，讓麵包的美味更加豐富。店內手工製作的發酵種被稱為「自家培養發酵種」，而那些發酵種又是如何製作的呢？小麥粉或葡萄乾等材料都可用來製作發酵種。酵母會以休眠狀態附著在這些素材上面。只要加水，放置在溫暖的場所，酵母就會開始活動。吃糖分、喘息、排出酒精。因為能夠讓酵母變得更加活躍，而使麵包足夠膨脹，所以才會稱為「種」。

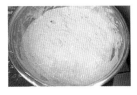

魯邦酵種

像鰻魚黏液那樣，把全麥粉（或是白色小麥粉）和水混在一起，使用一部分。時間經過越久，讓麵包膨脹的力量就會越大，風味也就會越穩定。

葡萄乾種

把葡萄乾和水裝進容器裡面，放在溫暖的場所後，附著在葡萄乾上面的酵母就會開始活動。之後會慢慢地冒出氣泡。就是使用這種液體作為種。

放進發酵籃

放進烤箱前的坎帕涅麵包麵團。把分割成1個份量的麵團折成三折等，整型成容易膨脹的形狀，放進發酵籃（Banneton），進行最終發酵。

切出刀痕

把放進烤箱前的麵團，從發酵籃內取出的狀態。可清楚看到，麵團因發酵籃而呈現橢圓形，同時，上面也印有紋路。這時候就切出刀痕，放進烤箱。

切法

豪邁的厚切？或是格外容易食用的薄切？

1cm以下稱為「薄切」，大於1cm、小於2cm的厚度則是「標準切」，2cm以上則稱為「厚切」。薄切輕巧且容易食用，厚切充滿豪邁的嚼勁與味道，標準切則可以同時享受薄切與厚切的優點。另外，也可切成1.5cm左右的骰子狀，放進沙拉裡面……。既然會挑選粗曠印象的「鄉村麵包」，當然就是希望大口大口的咬下。不過，由於坎帕涅麵包的氣泡比較緊密，油脂不容易滲入，所以薄切比較容易食用。兩種方式的口感對比十分強烈。那麼，究竟哪種比較好呢？這個部分就依照身體狀況、個人喜好、氣候，試著改變厚度吧！

厚切

當天～第2天不用烤，建議第3天之後再烤。坎帕涅麵包會因製作方法不同，而有不同味道，因此，鹽份的調整就盡可能抹上大量的無鹽奶油，之後再依個人喜好，調整鹽量就可以了。

骰子切

用刀子切成1.5cm的骰子狀，或是用手撕成骰子大小，放進湯或沙拉裡面。相較於長棍麵包（參考p.8），味道格外濃厚。

三明治用的餡料或開放式三明治的配料，就善用p.32～37的內容吧！

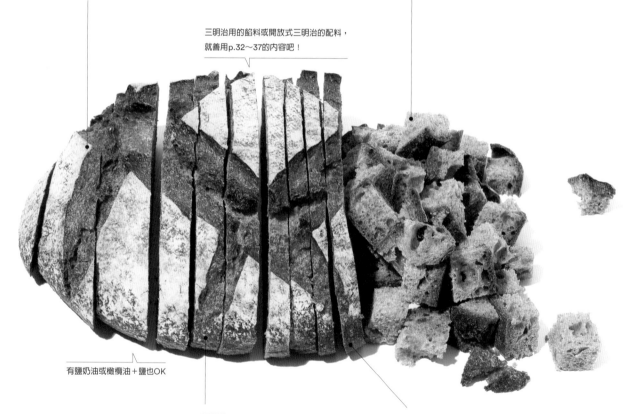

有鹽奶油或橄欖油＋鹽也OK

標準切

塗抹果醬、飾頂、製作成開放式三明治，或是搭配料理，適合搭配各種食材，吃法多元的厚度。p.33、36的食譜全都是採用這種厚度。

薄切

2片式三明治，或是把圓形大小的坎帕涅麵包切片，製作成開放式三明治時，建議採用這種厚度。不喜歡麵包皮的人，可以用來作為主食的麵包。

●切片的剖面屬於較大且圓的類型時，就在切片後，進一步切成對半吧！

烤法

經過一段時間後，就享受烘烤樂趣吧！

這樣的大尺寸麵包，當然希望好好品嚐濕潤口感。在第2天之前，可以直接品嚐，不用回烤，第3天則要先補充水分再回烤，如此就能品嚐到美味。剖面烤出焦黃的烤法，別有一番風味，味道和直接吃的感受截然不同。坎帕涅麵包沒有添加砂糖，和吐司比起來，比較不容易烤出焦黃，

不過，只要善用平底鍋或烤網，就可以烤出完美的焦黃酥脆。其他烤法雖然不容易烤出焦黃，不過，卻能讓外皮酥脆、內層Q軟。這也是厚切之所以美味的關鍵。

平底鍋

表面容易烤出焦色，內層Q軟。尤其是鐵製的平底鍋，更能讓麵包皮變得更酥脆。

① 切片

切成2～3cm的厚度。既然是好吃的坎帕涅麵包，就要切厚一點，才能享受到美味。

② 充分添加水分

若是噴霧的話，就在表裡噴4～5下。如果沒有噴霧水槍，就用手指沾水，塗抹於表面。

③ 乾煎表面

放進平底鍋，蓋上鍋蓋。用中強火乾煎3分30秒左右。產生漂亮的焦色後，翻面。

④ 乾煎背面

掀開鍋蓋，翻面。煎3分鐘左右。產生漂亮的焦色後，完成。

烤箱

右側介紹厚切的烤法。薄切的話，建議充分烘烤，直到麵包呈現酥脆程度。

稍微加熱

厚切之後，利用噴霧器添加水分，大概烤2分鐘左右。

烤網

利用噴霧器添加水分，用中火烤，表面約3分鐘，背面約2分鐘。烘烤的時間視焦色的程度而定。

煎魚爐

利用噴霧器添加水分，預熱3分鐘後，用中火烤，表面約2分鐘，背面約2分鐘。烘烤的時間視焦色的程度而定。

創意變化

形狀多變、配料豐富的包容力

1kg左右的大圓類型以單個、1/2、1/4的計價方式販售，除外，也有秤重販售的方式。也有放進吐司模型裡烘烤的類型，或是橢圓形。用高溫烘烤高含水量麵團的鄉村麵包，已經在全球各地掀起熱潮。最近還可以看到著重於健康，添加了雜穀的類型。添加了葡萄乾、葡萄乾核桃、無花果、橙皮、小紅莓、巧克力等配料的各種口味，也相當普遍。這些類型通常會採用餐包尺寸或棒（棍）形。

橢圓形
基本吃法和圓形相同。相較於圓形，這種形狀更容易製作成三明治或較小的開放式三明治。

栗子
搭配市售或自製熟食冷肉（參考p.137）。也很適合搭配玉米湯或蛤蜊巧達濃湯等奶油系列的料理。

小紅莓
歐美地區採用的是火雞肉加上小紅莓。這裡則使用雞肉代替（參考p.136）。

無花果

帶有甜味和彈牙口感，所以很適合鮮味和鹽味
濃烈的肉類加工食品（參考p.32）。抹上無鹽
奶油後，再搭配食用吧！

葡萄乾核桃

吃起司的時候，都會隨附堅果或乾果，所以味
道肯定十分契合。尤其推薦羊奶起司或是藍紋
起司。

葡萄乾

模仿英國的聖誕甜點「聖誕布丁」，抹上白蘭
地奶油（參考p.156）。

巧克力

杏仁奶油（參考p.151）或新鮮起司＋檸檬雞
蛋奶油醬（參考p.44）等。搭配藍紋起司的
口感也十分特別。

橙皮

略帶苦味，所以可以搭配新鮮起司＋普羅旺斯
香料＋蜂蜜，或是甘納許（參考p.158）等巧
克力類的材料。

吃法 ❶

厚重且複雜的美味，
來自獨特且濃郁的配料

坎帕涅麵包可以品嚐到乳酸菌或酵母產生的風味或酸味，以及全麥粉或裸麥的濃郁與香氣等複雜的味道。適合搭配的食材或料理也同樣多元，不論是不輸給其個性的濃郁味道、獨特的食材、香氣或酸味強烈的料理，全都非常適合。最好預先抹上奶油（無鹽奶油尤佳）！

A 起司

● **青黴起司（藍紋起司）**
羅克福乾酪、古岡左拉起司、丹麥藍起司等
切成5mm～1cm的丁塊狀，鋪在麵包上方。坎帕涅麵包採用添加了核桃或無花果乾等堅果與乾果的種類尤佳。也可以同時搭配切好的生蘋果、洋梨、無花果、葡萄、柿子等水果。

● **擦洗式起司**
埃普瓦斯起司、芒斯特起司、金山乾酪等
起司切成1～1.5cm的厚度，也可以去除厚皮。然後以壓碎的方式，塗抹在麵包上面。或者，把切成相同厚度的起司，直接帶皮鋪在麵包上面，撒上孜然（顆粒尤佳），放進烤箱烤至起司融化為止。

● **羊奶起司**
聖莫爾德圖蘭起司等
這類起司的形狀有各式各樣，基本上就是切成1cm的厚度，以壓碎的方式，塗抹在麵包上面。厚皮或灰也可以去除。如果放進冰箱熟成（參考p.155），起司的水分會揮發，味道會變得更加濃厚且複雜，與坎帕涅麵包的味道更加契合。

● **硬質起司**
康堤乳酪、艾曼塔起司、切達起司等
塗上一層厚厚的奶油，使用起司切片器或切片器，將起司削成薄片，鋪在麵包上方。也可以進一步放進烤箱烘烤。

B 調理抹醬

● **菇菇核桃抹醬**（參考p.147）

● **鷹嘴豆泥**（參考p.149）

● **油封洋蔥**（參考p.144）

● **酪梨開心果抹醬**（參考p.143）

● **鯷魚醬**（參考p.141）

C 肉類、海鮮加工品

● **生火腿／義大利培根（切片類型）**
抹上瑞可塔起司等新鮮起司，再鋪上生火腿、烤蔬菜（參考p.148）。義大利培根煎至酥香後，再依照上面的方式食用。

● **薩拉米香腸／西班牙辣肉腸（薩拉米香腸類型）**
用橄欖油香蒜義大利麵風味的油製作荷包蛋（參考p.132）時，把薩拉米香腸或西班牙辣肉腸放進鍋裡稍微煎熱，和荷包蛋一起放在麵包上面。

● **簡易雞肝醬**（參考p.138）**／豬肉醬**（參考p.137）**／肉凍**（參考p.137）
抹上奶油後，塗抹或鋪在麵包上面。也可以加上搗碎的紅胡椒或無花果果粒果醬（參考p.150）。

● **煙燻鮭魚／煙燻沙丁魚**
抹上檸檬奶油（參考p.156），鋪上煙燻鮭魚或煙燻沙丁魚，再撒上用手撕碎的蒔蘿。

● **魚卵（鹽漬鮭魚子、鱈魚子等）**
抹上混入碎洋蔥、蔥末、薑等材料的酸奶油，再鋪上魚卵。

D 果粒果醬／甜味抹醬 & 飾頂

● **無花果果粒果醬**（參考p.150）

● **栗子奶油**

● **甘納許**（參考p.158）**＋肉豆蔻粉**

● **杏仁奶油**（參考p.151）

● **香料糖**（參考p.158）

● **蜂蜜**
可充分享受到純蜂蜜（沒有添加糖漿或加熱，以嚴格標準製作而成），同時帶有花香風味的純花蜜（由單一種植物的花所製成）最適合。奶油狀材料比液態更適合坎帕涅麵包，顏色則是深色比淺色好。

代表性的組合

青黴起司　　　　　　　　　　　擦洗式起司　　　　　　羊奶起司

A

硬質起司

酪梨抹醬　　　　　　　　　　　　　　　　　　　　油封洋蔥

B

豬肉醬　　　　　　　　　　　　　　　　煙燻鮭魚

C

栗子奶油　　　　　　　　　　　　　　　　香料糖

D

甘納許

吃法 ❷

花點巧思，享受坎帕涅麵包的美味

[配酒] 葡萄酒（白、粉紅、紅）

栗子和鼠尾草的肉餡糕

把原本塞在烤雞裡面的餡料，製作成肉餡糕。
也可以添加蘑菇或蘋果，讓風味更顯豐富。

材料
（20×11×高7.5cm磅蛋糕模型1個）

豬絞肉 … 500g
雞蛋 … 1顆
洋蔥 … 1/2個（125g）
蘑菇 … 100g
鼠尾草（生）… 1支（7~8片葉子）
蘋果 … 1/2個（150g）
去殼栗子 … 1袋（80g）
麵包碎 … 20g
鹽巴 … 1小匙
胡椒 … 少許

製作方法

❶ 蘋果削掉外皮、去除果核，和洋蔥一起，用刨絲器刨成細絲。蘑菇切碎，鼠尾草（僅葉子部分）切成更細碎的細末。

❷ 把雞蛋打進小碗，打散。

❸ 把麵包碎放進❷的蛋液裡，將麵包碎浸濕。

❹ 把絞肉、鹽巴、胡椒放進較大的碗，用手充分搓揉，直到產生黏性。

❺ 把栗子放進❹的大碗裡，用手一邊掐碎栗子，一邊混拌。

❻ 依序把❸、❶的材料倒進❺的大碗裡面，每加入一種材料，都充分拌勻再加入下一種材料。

❼ 把奶油（份量外）塗抹在模型內側，用橡膠刮刀把❻的材料裝進模型裡，緊密塞滿後，將表面抹平。

❽ 用加熱至180℃的烤箱烤50分鐘左右。

❾ 完全冷卻後，切成1.5cm的厚度，裝盤。依個人喜好，裝飾上鼠尾草或酸黃瓜。

介紹適合搭配坎帕涅麵包，使用肉、魚、蔬菜的法國料理。如果p.18～19的法式焗洋蔥湯和義式番茄麵包沙拉、
p.133的麵包丁蛋捲，也用坎帕涅麵包製作，就能成為時尚的一盤。

海鮮湯

利用花枝、鮮蝦和貝類烹煮而成的湯，把使用多種魚類，
耗時費力的的法式馬賽魚湯，變化成簡單的食譜。

材料（2人份）

花枝（小）… 1尾（150g）
鮮蝦（帶頭）… 4～6尾
花蛤（已吐沙）… 10～15顆
白身魚（魚塊）… 150g
洋蔥 … 1/5個（50g）
胡蘿蔔 … 1/3條（50g）
芹菜（莖）… 20g
蒜頭 … 2瓣（10g）
橄欖油 … 2大匙
番茄罐（切塊番茄尤佳）… 50g
水 … 500ml
鹽巴 … 1/2小匙
番紅花（整株尤佳）… 10支
巴西里（生、葉、細末）… 適量

製作方法

❶ 花枝從身體內部拉出內臟和腳。身體去除軟
骨後，充分清洗乾淨，切成1cm寬的環狀。腳去
除不可食用的部分，切成和身體環狀相同的長
度。蝦子去除沙腸後清洗。花蛤充分清洗乾淨。
魚塊切成一口大小。有水分殘留的話，就用廚房
紙巾確實擦乾水分。

❷ 洋蔥、胡蘿蔔、芹菜、蒜頭切成細末。

❸ 把①的花枝放進用中火加熱橄欖油的鍋裡，
上色後，持續翻炒至產生花枝香氣。

❹ 把②的材料放進③的鍋裡，持續翻炒至洋蔥
變透明。

❺ 把番茄倒進④的鍋裡，持續翻炒直到番茄的
水分揮發。

❻ 把①剩餘的魚貝類、水、鹽巴、番紅花倒進
⑤的鍋裡，改用大火，蓋上鍋蓋。煮沸後，撈除
浮渣，改用小火，熬煮10～20分鐘，直到濃度
符合個人喜好。試味道後，再用鹽巴（份量外）
調味。

❼ 裝盤，撒上巴西里。

配酒　葡萄酒（白、粉紅）

配酒 啤酒、白葡萄酒

羊奶起司溫沙拉

巴黎的咖啡廳裡，只要菜單上有這一道料理，絕對必點！
鋪上大量羊奶起司的溫熱豪華沙拉。

材料（1人份）

培根 … 1片
羊奶起司（厚度1cm）… 2片
菜葉蔬菜（依個人喜好／參考p.141）… 80g
小番茄 … 4顆
核桃（烘烤）… 5個
油醋醬
　白酒醋 … 1/2大匙
　鹽巴 … 1/5〜1/4小匙
　蜂蜜 … 1小匙
　橄欖油 … 2大匙
　胡椒 … 少許
奶油（無鹽尤佳或橄欖油）… 少許
普羅旺斯香草 … 1/4小匙
坎帕涅麵包（厚度2cm）… 1片

製作方法

❶ 菜葉蔬菜撕成容易食用的大小，裝盤。蓋上保鮮膜，放進冰箱。

❷ 番茄縱切成對半或4等分，核桃切成對半。

❸ 培根切成1cm寬度，用油醋醬材料內的橄欖油1大匙，把培根煎至酥脆。使用過的橄欖油留下備用。

❹ 製作油醋醬。把白酒醋、鹽巴放進小碗，用小的打蛋器攪拌，使鹽巴充分融解。

❺ 依序把剩餘的材料、❸的橄欖油，放進❹的小碗裡面，每加入一種材料，都要充分攪拌後，再加入下一種材料。

❻ 麵包切成對半，在兩面塗抹上奶油。

❼ 把起司鋪在❻的麵包上，撒上普羅旺斯香草。

❽ 把❼的麵包放在鋁箔紙上面，用烤箱把邊緣烤至焦黃程度。

❾ 用❷的材料、❸的培根，妝點❶的菜葉蔬菜，淋上❺的油醋醬。再將❽的麵包放置在正中央。

吃法 ❸

整個星期
享受隨著時間變化的風味

可長時間保存的坎帕涅麵包，最長可以保存一星期左右。所以，只要周末到麵包店買1個回家，就可以整個星期都吃到好吃的坎帕涅麵包。買回家之後，用保鮮膜包起來，再用夾鏈袋確實密封，保存在常溫下（夏季則放進冰箱）吧！麵包會隨著時間的經過而熟成，就能享受到味道的變化。吃的時候，先用手指確認乾燥的情況，並在烘烤之前用噴霧器補充水分。

將坎帕涅麵包切成1.5～2cm的厚度

DAY
1 享受起司和果粒果醬的完美搭配

依序把奶油、果粒果醬塗抹在麵包上，再鋪上起司。

- 康堤乳酪×栗子奶油
- 熟成羊奶起司（參考p.155）
  ×無花果果粒果醬（參考p.150）
- 波福起司×藍莓果粒果醬

DAY
2 享受塔丁風味

把奶油抹在麵包上，再依序鋪上油封洋蔥（參考p.144）、煙燻沙丁魚、自製的半乾番茄（參考p.143）。

DAY
3 享受塔丁風味

依序把奶油、菇菇核桃抹醬（參考p.147）抹在烤過的麵包上。
最上方鋪上煎得酥脆的義大利培根和芝麻菜。

DAY
4 享受塔丁風味

把厚度切成1.5cm的栗子和鼠尾草的肉餡糕（參考p.34）鋪在麵包上面，上面再抹上特製漢堡醬（參考p.71／依照個人喜好），鋪上乳酪絲，放進烤箱烤至起司融化，呈現焦黃色為止。

DAY
5 羊奶起司溫沙拉（參考p.36）的創意變化

- 在步驟⑦淋上蜂蜜。
- 把步驟⑦當中的普羅旺斯香草換成杜卡（參考p.154）。

DAY
6 海鮮湯（參考p.35）的創意變化

除海鮮湯之外，再加上用坎帕涅麵包製作的蒜香吐司（參考p.156）和蒜泥蛋黃醬（參考p.153）。

DAY
7 坎帕涅麵包起司火鍋（參考p.155）的創意變化

起司火鍋剩下1/4的份量後，把擦洗式起司（＋孜然）或藍紋起司（＋切碎的核桃）切碎，放進鍋裡煮融，讓味道改變。

可頌

【上百層麵包皮製作出的輕盈感，奶油風味】

發源、語源

Croissant，法語意指「新月」的意思。
名稱源自於新月狀的外型，不過，最近則是菱形居多。
法國國內都是把奶油的可頌烤成菱形。
相對之下，新月外型的可頌則是使用乳瑪琳烘烤。

材料

小麥粉、水、奶油、砂糖、鹽巴、
麵包酵母、（雞蛋）、（麥芽）

傳聞可頌源自於17世紀的維也納，發祥地似乎是1839年的法國（巴黎），源自維也納出身的麵包師傅所開設的麵包店。據說當時是用牛奶麵包那樣的麵團所製作而成。進入20世紀後，才開始把奶油折進麵團裡面，使內側呈

現層狀。名稱的意思明明是「新月」，日本當地可見的形狀卻是菱形。菱形便是有點奢華的奶油可頌麵包（加了奶油的可頌）的證明。只要不是乳瑪琳，而是添加奶油，就可以採用這種形狀。

表面烘烤至焦香酥脆，一拿起就會有酥脆的麵包皮掉落（這便是可頌的醍醐味！）內層出乎意料地濕潤，奶油也是入口即化。是否能夠製作出這樣的強烈對比，全靠麵包師傅的技術。可頌的麵團，有時也會用來製作成捲入巧克力的法式巧克力麵包，或是捲入葡萄乾和卡士達醬的法式蝸牛捲（也有使用不同麵團的情況）。丹麥麵包也算是可頌的同類，屬於改變整型方式，添加配料的甜麵包。最近還有包香腸的鹹味麵包。可頌是可當點心，也可以搭配鹹味配料的萬能選手。

麵包皮
（皮／呈現階梯狀）

仔細觀察層次部分就知道，麵包皮屬於偏厚的酥脆類型？還是偏薄的鬆脆類型？

照片是氣泡較大的輕盈類型。
氣泡較小的類型則是風味濕潤。

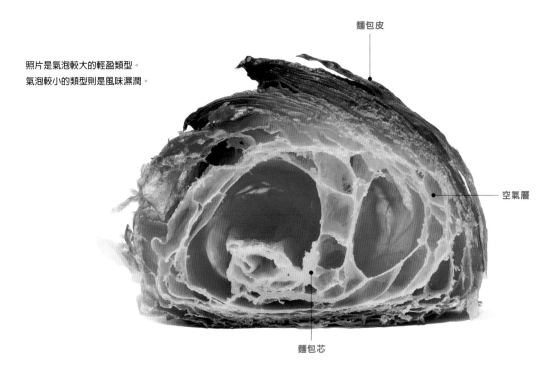

麵包皮

空氣層

麵包芯

製法的特色

為什麼
能製作出多層次？

烤箱的熱度會讓輕薄麵團之間的奶油蒸發，使麵團膨脹，從而產生多層次的效果。首先，用麵團包覆奶油，將包覆著奶油的麵團擀壓成薄片後，再將麵團折疊起來，就這樣反覆作業。基本上是折成三折，共折三次，也就是3×3×3＝27層，不過，最近也有減少層數的做法，就是增加單層的厚度，強調奶油風味與酥脆感的類型。

整型方式是將單片的麵團切成三角形，再將麵團捲成3圈左右，層次多達100以上。

① 折入奶油1
用擀平的麵團，把片狀的奶油包起來。

② 折入奶油2
把①的麵團再次擀平，重複折成3折或2折，約製作出20層。

③ 切成三角形，捲起來
把折好的麵團切成三角形，從底邊往尖端捲起。

④ 整型完成
麵團捲完，可頌的整型便完成了。

切法

小心避免麵包屑掉滿地

只要切出開口，就可以用來製作成三明治。切法有「橫切」、「斜切」、「縱切」3種。比起菜刀，鋸齒片刀、小型的鋸齒刀會更容易切。切的時候要小心謹慎，盡量避免麵包屑掉落。

直接吃的話，為避免麵包屑掉落，不妨大口咬下，或是把前端撕開，品嚐內層的白色部分，享受柔軟的麵包芯。

斜切

兼具橫切與縱切的優點。容易清楚看見餡料，口腔上方能觸碰到餡料，所以可以更充分地感受到餡料的美味。成品的高度也不會增加太多。

橫切

可平穩夾住餡料，且容易食用。不容易看清楚餡料，麵包風味比餡料強烈。也可以完全切開（橫切），用上下兩片夾起來。

縱切

可清楚看到餡料的形狀。口腔的上方能碰觸到餡料，可充分感受到餡料的美味。由於成品的高度會比較高，所以有不方便吃的缺點。

烤法

只要用餘溫加熱，就能還原出剛出爐的美味

外皮酥脆，內層鬆軟。可頌剛出爐的美味感動是無可取代的。可是，可頌的糖分比較多，如果採用一般的烤法，就會瞬間焦黑，這也是可頌回烤的難處所在。其實，只要確實掌握訣竅，就能喚醒剛出爐的美味。

烤箱（烤魚機也可以）充分預熱（約3分鐘）。將可頌放進烤箱後，關掉電源，放置2分鐘。如此就能讓麵包皮維持在最佳烘烤狀態，喚醒出「酥脆、鬆軟」的美味口感。

① **烤箱預熱**

確實加熱3分鐘。

② **關掉電源，放入可頌**

只要關掉電源，就絕對不會烤焦。放置加熱2分鐘。

③ **出爐**

外皮酥脆，就像剛出爐一樣。

照片中是2人份的早餐。通常是每人1個可
頌加1個塔丁。咖啡廳的菜單也差不多是
這樣的份量。果粒果醬加上蜂蜜在內，建
議隨附2種以上的種類。

正統的早餐

可頌迎接
法國人的週末早晨

基本上，法國人的早餐都是熱飲搭配麵包。週末的時候，
則是平日的塔丁（橫切的長棍麵包），再加上可頌，餐點
內容就會稍微奢華一點。去附近的Boulangerie（麵包
店）購買可頌是Monsieur（紳士）的任務。把咖啡或咖
啡牛奶倒進自己的碗裡，放進砂糖，再用湯匙慢慢攪動。
也有人會把可頌浸泡在飲品內品嚐……，如此一來，就算
麵包屑掉進飲品裡面，也就無所謂了。

吃法 **1**

甜點或輕食，就靠餡料變身！

甜味可頌

只要夾上黑巧克力薄片，馬上就變身成巧克力麵包。

榛果可可醬

榛果可可醬是法國人偏愛的味道。

甜味可頌

橙片

切片的橙片（厚度5mm）淋上蜂蜜、肉桂，夾起來。

果粒果醬

推薦樹莓、草莓等莓果類的果粒果醬。

蘋果片

切片的蘋果片（帶皮，厚度2～3mm）淋上檸檬汁、精白砂糖，夾起來。

紅豆

依個人喜好，夾上市售的紅豆餡、紅豆泥。也可以加上切塊的草莓。

●上述的可頌全部採用斜切，再夾上餡料。

由於可頌的發酵麵團裡面折進好幾層奶油，所以製作出的麵包就像派餅那樣。

這邊就以甜派餅、鹹派餅作為發想，試著把更多豐富的餡料夾進可頌裡面。

炒蛋

夾上軟嫩的炒蛋（參考p.132），撒上胡椒。

火腿＋起司

夾上去骨火腿、用刨刀削片的硬質起司。

鹹味可頌

香草番茄

切片的番茄，撒上鹽巴、香草（百里香或牛至等）後，夾起來。

萵苣芥末

夾上大量使用芥末醬調配的萵苣芥末（參考p.142）。

鮪魚沙拉＋芽菜

夾上鮪魚沙拉（參考p.140）、辛辣味強烈的西洋菜芽菜。

奶油起司＋煙燻鮭魚

貝果常見的餡料組合，可頌也非常適合。

吃法 ❷

可頌的甜點大變身

白乳酪百匯風味的可頌

利用日本垂手可得的材料，重現法國當地相當普遍的新鮮起司「白乳酪」。

材料（1個）

自製白乳酪（容易製作的份量）
　原味優格 … 200g
　鮮奶油 … 100ml
　砂糖 … 7.5g
柳橙（厚度5mm）… 2片
蜂蜜 … 1/2大匙
白豆蔻（粉）… 少許
可頌 … 1個

製作方法

❶ 製作自製白乳酪（參考p.154），將適當份量放進裝有圓形花嘴（口徑1cm）的擠花袋裡面，放進冰箱備用。
❷ 橙片切成對半，用廚房剪刀剪掉果皮。
❸ 把②的橙片以不重疊的方式排列在盤子上，淋上蜂蜜，撒上白豆蔻粉。
❹ 麵包斜切，把①的白乳酪，盡可能緊密地擠在下方的剖面。
❺ 把④的橙片錯位排列在③的白乳酪上面。

巧克力檸檬派風味的可頌

酸甜的檸檬雞蛋奶油醬和可頌組合之後，就能品嚐到猶如檸檬派的味道。
加上巧克力之後，美味更是倍增。

材料（1個）

檸檬雞蛋奶油醬（容易製作的份量）
　雞蛋 … 1顆
　無鹽奶油 … 20g
　檸檬汁 … 50ml
　砂糖 … 90～100g
黑巧克力（3cm方形，厚度5mm）
… 2片
可頌 … 1個

製作方法

❶ 製作檸檬雞蛋奶油醬。把雞蛋打進碗裡，用打蛋器攪拌均勻。
❷ 把檸檬汁、砂糖、奶油放進小鍋，開小火加熱，一邊用橡膠刮刀攪拌。稍微沸騰後，將鍋子從火爐上移開。
❸ ②的材料放涼後，逐次倒進①的蛋液裡，一邊用打蛋器充分拌勻。
❹ 把③的材料倒回②的鍋裡，再次開小火加熱。以在鍋底寫出8字那樣的方式，用橡膠刮刀持續攪拌。
❺ ④的材料呈現稠狀之後，把鍋子從火爐上移開，將材料倒進煮沸消毒過的瓶子，確實鎖緊瓶蓋後，將瓶子倒放，冷卻。
❻ 麵包斜切，將1大匙完全冷卻的⑤，塗抹在下方的剖面，再夾上巧克力片。

●使用的麵包：長度13cm、寬度7cm的可頌。

可頌很適合化身成甜點。這裡把可頌當成派餅，製作成蛋糕、百匯的風味。
靈感來自於白乳酪的百匯風，以及檸檬派、蒙布朗。還有皮埃爾的伊斯法罕。

蒙布朗風味的可頌

即便是沒有栗子的季節，只要有去殼栗子，就能簡單製作出蘭姆酒漬。
搭配栗子奶油，演繹出栗子的完美風味。

材料（1個）

蘭姆酒漬甘栗（3個可頌的份量）
　去殼栗子 … 1包（80g）
　檸檬汁 … 2～3滴
　水 … 100ml
　砂糖 … 50g
　蘭姆酒 … 1大匙
發泡鮮奶油（容易製作的份量）
　鮮奶油 … 100ml
　砂糖 … 10g
栗子奶油（市售）… 1大匙
可頌 … 1個

製作方法

❶ 製作蘭姆酒漬甘栗（參考p.151）。
❷ 製作發泡鮮奶油（參考p.157），將適當份量放進裝有圓形花嘴（口徑1cm）的擠花袋裡面，放進冰箱內備用。
❸ ①的栗子完全冷卻後，將3～5個切成對半。
❹ 麵包縱切，把栗子奶油擠進切口最深處。
❺ 把❹的發泡鮮奶油擠在❷的栗子奶油上面，裝飾上❸的酒漬甘栗。

伊斯法罕風味的可頌脆餅

靈感來自於法國天才甜點師皮埃爾·艾爾梅（Pierre Hermé）獨創的「伊斯法罕（Ispahan）」，試著把玫瑰和樹莓組合在一起。

材料（2個）

玫瑰風味的杏仁奶油
　蛋黃（恢復至室溫）… 1個
　無鹽奶油（恢復至室溫）… 30g
　杏仁粉 … 30g
　砂糖 … 25g
　玉米粉 … 1小匙
　玫瑰水 … 1/2大匙
糖漿
　水 … 40ml
　砂糖 … 20g
樹莓（生或冷凍）… 14個
杏仁片 … 適量
玫瑰花瓣（乾燥、食用）… 8片
糖粉 … 適量
可頌 … 2個

製作方法

❶ 製作玫瑰風味的杏仁奶油（參考p.158），放進裝有平口花嘴的擠花袋。
❷ 製作糖漿。把水和砂糖放進小鍋，開小火加熱，攪拌均勻。稍微沸騰後，倒進調理盤。
❸ 麵包橫切，分別用烤箱稍微烤過。
❹ 把❸的麵包雙面都快速浸泡一下❷的糖漿，排放在鋪有烤盤紙的烤盤上面。
❺ 把❶的杏仁奶油擠在上方的麵包表面，撒上杏仁片。
❻ 把❶剩餘的杏仁奶油，擠在下方的麵包剖面，逐一排上6個樹莓，把❺的麵包放在上面，撒上糖粉。
❼ 用預熱至200℃的烤箱烤20分鐘左右。
❽ ❼的成品完全冷卻後，裝飾上樹莓、玫瑰。

吃法 ❸

如咖啡廳料理般的可頌三明治

特製火腿＆起司可頌

火腿和起司的搭配是法國麵包店十分常見的經典鹹味。
利用芥末粒和藏茴香製作出與眾不同的美味。

材料（1個）

去骨火腿 … 1片
格律耶爾起司（片）… 15g
芥末粒 … 1/2小匙
藏茴香（種籽）… 適量
可頌 … 1個

＊藏茴香也可以改成孜然。

製作方法

❶ 麵包橫切，把芥末塗抹在下層麵包的剖面。
❷ 依序在①的芥末上面，放上火腿、起司、稍微壓碎，釋放出香氣的藏茴香，放進烤箱烤至起司融化為止。
❸ 中途也可以把上層的麵包放進烤箱稍微烘烤。
❹ 把③的上層麵包，放在②的下層麵包上面。

配酒 啤酒

特製炒蛋可頌

軟嫩口感的炒蛋和可頌十分速配。
再加上蔬菜，就成了營養均衡的三明治

材料（1個）

炒蛋
 雞蛋 … 1顆
 鮮奶油（或牛乳）… 1大匙
 奶油 … 5g
 鹽巴 … 1/10小匙
 胡椒 … 少許
蘆筍（細的尤佳）… 2～3支
蒜頭（薄切）… 1～2片
橄欖油 … 1/2大匙
鹽巴、胡椒 … 各少許
可頌 … 1個

＊蔬菜也可以依照季節變換，換成玉米、青椒、櫛瓜、蘑菇、長蔥等。

製作方法

❶ 蘆筍把下方粗莖較多的3公分切掉，然後切成對半。
❷ 把橄欖油、蒜頭放進小的平底鍋裡，開中火加熱。蒜頭呈現焦色後，起鍋。
❸ 把①的蘆筍放進②的平底鍋裡，持續翻炒至蘆筍的前端上色，撒上鹽巴、胡椒。
❹ 麵包橫切，分別用烤箱稍微烘烤。
❺ 製作硬度柔嫩的炒蛋（參考p.132）。
❻ 把⑤的炒蛋鋪在下層麵包上面，再依個人喜好，把②的蒜頭拍碎，撒上。
❼ 把③的蘆筍鋪在⑥的上面，最後再用上層麵包夾起來。

配酒 氣泡酒、白葡萄酒

●使用的麵包：長度13cm、寬度7cm的可頌。

可頌是萬能的。不光是甜點，鹹味也完全能夠駕馭。除了法國最經典的火腿起司之外，
還有把可頌當成派餅的原創食譜。隨附上沙拉，就成了單盤套餐。

可頌的英式早餐

夾上英式早餐絕對不能欠缺的培根、荷包蛋、番茄。
培根淋上楓糖漿，製成蜜汁口味。

材料（1個）

荷包蛋
| 雞蛋 … 1顆
| 植物油 … 1大匙
| 鹽巴、胡椒 … 各少許
蜜汁培根
| 培根 … 1片
| 楓糖漿 … 適量
番茄（小）… 1/2個（50g）
鹽巴 … 少許
可頌 … 1個

製作方法

❶ 製作荷包蛋（參考p.132）。
❷ 製作蜜汁培根。培根切成對半，利用與①相同的平底鍋煎至酥脆程度。
❸ 把楓糖漿倒進盤裡，將②培根的單面放進盤裡浸泡。
❹ 番茄切成厚度5mm，稍微撒上鹽巴。
❺ 麵包橫切，分別用烤箱稍微烘烤。
❻ 依序把③、④、①鋪在下層麵包的上面，最後再用上層麵包夾起來。

配酒 啤酒、高球

特製蟹味沙拉可頌

可品嚐到奢侈的螃蟹美味，善用蟹肉罐頭的沙拉，
非常適合奶油味道強烈的可頌。

材料（1個）

香草檸檬蟹肉沙拉
| 蟹肉罐（小）… 1/2罐
| 小黃瓜 … 1/5條（30g）
| 茴香芹（生）
| … 1支（細末，1/2大匙）
| 青蔥（細的尤佳）… 2～3支
| 檸檬皮（泥／國產尤佳）… 少許
| 美乃滋 … 1大匙
| 芥末粒 … 1/4小匙
菜葉蔬菜（依個人喜好／參考p.141）
… 1/2片
可頌 … 1個

製作方法

❶ 製作香草檸檬蟹肉沙拉。小黃瓜去除外皮和種籽，切5mm丁狀，用廚房紙巾擦乾水分。
❷ 把茴香芹葉子切成細末，青蔥切成蔥花。
❸ 把①、②、檸檬皮、美乃滋、芥末，放進小碗，充分拌勻。
❹ 蟹肉罐確實瀝乾湯汁，取20g的蟹肉，放進③的小碗，充分拌勻。
❺ 麵包橫切，分別用烤箱稍微烘烤。
❻ 依序把菜葉蔬菜、④的香草檸檬蟹肉沙拉，鋪在下層麵包上面，最後再用上層麵包夾起。

配酒 氣泡酒、白葡萄酒

妄想特派員報導 ②

法國人對布里歐麵包的愛，
遠超過可頌！
把愛放進僧侶布里歐裡面

Bonjour（您好）！我是巴黎特派員魯邦‧珍妮。沒錯，就是那位拯救了整個法國的國民英雄珍妮‧達爾克（Jeanne d'Arc）的珍妮。請多多指教。各位讀者聽過「布里歐」嗎？那麼，大家是否曾經聽過，法國王妃瑪麗‧安東妮（Marie Antoinette）那句「沒麵包吃，怎麼不吃蛋糕」，象徵奢華拜金的狂言呢？在這句話（雖說捏造的可能性較大）的法國原文中，「蛋糕」的部分是寫成brioche（布里歐）。當初這句話被翻譯成英文的時候，似乎就已經把brioche翻譯成cake了……。為什麼布里歐會變成蛋糕呢？原因就在於其來有自的歷史背景。

布里歐的歷史要追溯到16世紀。布里歐源自於法國以酪農而聞名的諾曼第。從那個時候開始，我們的祖先就是用這種布里歐做為蛋糕或塔的基底。名為「聖多諾黑（Saint Honoré）」的蛋糕，一開始也是用布里歐麵團製作而成的。也就是說，布里歐就像是奶油蛋糕的海綿體，十分地柔軟。因此，英語才會被翻譯成「cake」，也就是「蛋糕」。

在「甜點」相對貴重的時代裡，布里歐就是「甜點」的代表。布里歐長時間深植我們法國人的DNA，讓我們深刻感受到它的愛，這點絕對是無庸置疑的。當然！在我們法國國內各地，到處都有使用布里歐的本地麵包或甜點。麵包店裡總可以看到大大小小的各種尺寸。以可頌的變化來說，頂多就是巧克力可頌（巧克力可頌）或是杏仁可頌（杏仁可頌）那樣的程度，而布里歐的通用性則是更高！布里歐也很適合鹹味。在我聊到我們法國人有多麼喜愛布里歐的同時……池田先生說，日本國內直接販售布里歐的麵包店似乎不多，不過，卻有許多麵包店會把布里歐應用在紅豆麵包或鹹味麵包上面。日本人真是天才！因為日本比較容易買到僧侶布里歐（「帶頭布里歐」的意思）。所以我就把上面的頭拔起來，挖個洞，秉持著我對布里歐的愛，試著把各式各樣的配料塞進布里歐裡面。Bonne Dégustation（品嚐愉快）！

滿是麵包店的巴黎，有許多保留著傳統外觀的麵包店被指定為歷史性建築物。

排滿僧侶布里歐、糖霜布里歐、巧克力布里歐的展示櫃。

塞進布里歐的各種配料

使用長徑7cm、高度8cm的布里歐。
把布里歐上方（頭）拔掉，將下方的麵包芯往內推，
製作出可填塞配料的孔。

Sucre （甜味）

冰淇淋
＋水果

❶ 把香草冰淇淋塞進洞裡。
❷ 鋪上切成小於1cm塊狀的草莓。

自製茅屋起司
＋蜂蜜

❶ 作自製茅屋起司（參考p.155）。
❷ 把①的茅屋起司塞進洞裡，約1/4滿，淋上蜂蜜。
❸ 再重複1次②的動作。

巧克力漿
＋榛果

❶ 5顆榛果用烤箱烤過之後，切成對半。
❷ 把用手掰碎的巧克力15～20g放進小的耐熱容器，用微波爐（500W）加熱1分鐘，取出後攪拌，重複加熱直到融化為止。
❸ 把2顆榛果放進洞裡，倒進②一半份量的巧克力漿。
❹ 重複③的動作，最後再裝飾上1顆①的榛果。
＊可用甘納許取代巧克力漿（參考p.158）。

Sale （鹹味）

藍紋起司
＋核桃

❶ 把撕碎的藍紋起司3g、核桃碎粒（烘烤）10g，放進小碗，拌勻。
❷ 把①塞進洞裡。
＊也可加入切碎的黑棗，或淋上蜂蜜增加甜味。

香腸
＋開心果奶油起司

❶ 把奶油起司1個（18g）、開心果碎粒5g，放進小碗，拌勻。
❷ 把厚度2cm的香腸2條煮熟。
❸ 把①的材料塞進洞裡，約一半份量，放進1個②的香腸。
❹ 重複③的動作1次。

鵝肝
＋無花果果粒果醬

❶ 把鵝肝10g裝進洞裡，淋上少量無花果果粒果醬（參考p.150）。
❷ 撒上胡椒，裝飾上茴香芹。

珍妮筆記

生火腿、義大利培根等肉類加工品、肉凍等熟食冷肉也非常適合。希望製作高級漢堡時，建議採用布里歐。此外，也可以試試看卡芒貝爾乳酪＋蘋果果粒果醬、煙燻鮭魚或魚卵（鮭魚子等）＋新鮮起司＋青蔥等口味。

吐司

【日本人一生當中吃最多的麵包】

發源、語源

不同於甜麵包或鹹麵包，吐司是被當成主「食」的麵包。據說日語「食パン」就是指，吃的麵包之意（有各種說法）。

材料

小麥粉（高筋麵粉）、水、砂糖、（奶油、牛乳、脫脂奶粉、雞蛋等）、鹽巴、麵包酵母

最早的始祖是18世紀在英國誕生的「模製麵包（Tin Bread）」。工業革命時期，由於吐司是在工廠直接把麵團放進製模裡面大量生產，所以才會有這個名字。由於模型沒有蓋子，所以在烤箱內膨脹的部分就會隆起，就變成山形吐司。吐司流傳到美國之後，人們便開始用加蓋的模型烘烤，於是便產生了方形吐司。

日本最早的吐司始於幕末時期，是由居住在橫濱的英國人所烘烤，不過，直到人們能夠接受美國飲食文化的戰後時期，吐司才真正被日本人接受。於是，吐司便成了早餐的固定餐點。之後，吐司漸漸進化成日本人可接受的味覺。變成軟綿綿、Q彈、濕潤、微甜、口感滑潤，宛如剛煮好的白飯般的麵包。

日本國內有源自於英國的山形吐司（英式吐司），也有源自美國的方形吐司。就依照情況或氛圍靈活運用吧！

方形吐司

因為模型加蓋，抑制了麵團的延展，所以能產生Q彈、濕潤的特色。由於氣泡小且細膩，所以口感滑潤。

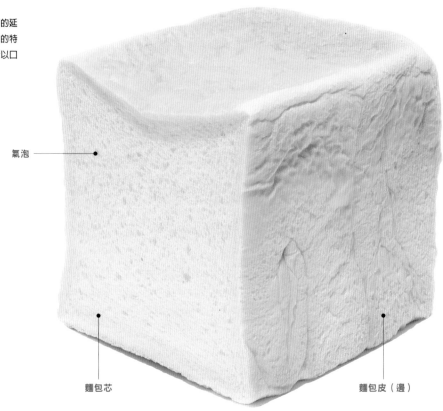

氣泡

麵包芯

麵包皮（邊）

製法的特色

偏愛Q彈→方形；喜歡軟綿→山形

麵包當中，最要求垂直體積的就是吐司。因此，必須製作出能夠涵蓋大量空氣，作用宛如橡膠般的麩質。材料使用富含蛋白質的高筋麵粉，因為蛋白質就是麩質的來源，只要經過反覆的揉捏，就能製作出充滿彈力的麩質。

山形和方形的差異在於，麵團入模之後，模型是否加蓋。加蓋的方形吐司會抑制麵團的延展，使口感變得Q彈、質地細膩。沒有加蓋的山形吐司，口感則比較軟綿，質地較粗曠。

左邊是方形吐司。模型相同，加蓋後就成為方形吐司，沒有加蓋則會變成山形吐司。

山形吐司

宛如隆起的高山一般，份量多且鬆軟。氣泡呈現縱長狀，觸感粗曠。頂端因為直接受熱，而充滿香氣。

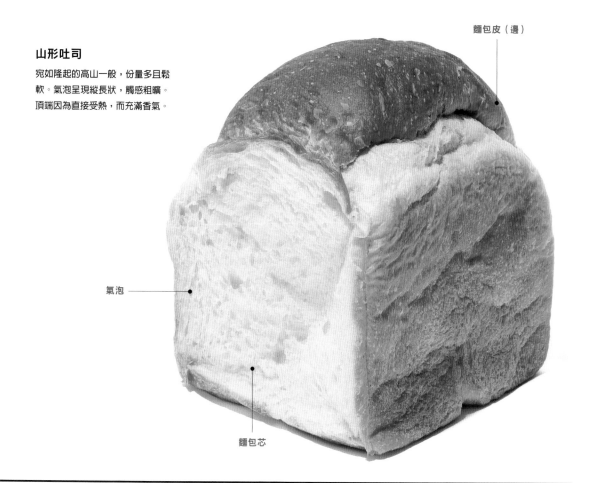

麵包皮（邊）

氣泡

麵包芯

創意變化
唯有吐司才有這麼多變化莫測的個性！

不論是什麼樣的麵團，只要放進模型裡面烤，就能製作成吐司。因此，吐司有各式各樣的類型。你可以根據品嚐的情況去挑選吐司，也可以根據買回家的吐司去思考各種吃法，這也是十分有趣的部分。

了解吐司個性的關鍵就在於甜度。生吐司、飯店吐司之類的甜味類型，和脆皮吐司那種不甜的類型，味道是完全不同的。一般的吐司、湯種（高含水量）吐司、全麥吐司，

也有各家差異，因此，最好先確認甜度後再購買。

其次的重點是，Q彈（口感較重）或鬆軟口感。湯種（高含水量）吐司等含水量較多的種類（有時生吐司也會歸類在此）、脆皮吐司，口感較Q彈。相對之下，飯店吐司或布里歐吐司則是份量較多，鬆軟的口感較為鮮明。

A-1

A-2

A 一般吐司

麵包店最常見的類型。在奶油吐司上面塗抹果醬，或是加顆荷包蛋等鹹味配料……可說是相當全方位的類型。每天吃都不會膩。帶點微甜的風味。

B 全麥吐司

用全麥麵粉製作的吐司。口感比較厚重，不過，風味濃醇。也有佈滿麥麩顆粒的種類。烤過之後，香氣十足，適合搭配奶油。富含食物纖維、礦物質。

C 湯種（高含水量）吐司

軟Q、濕潤，入口即化。因為麵粉會在徹底吸附水分後糊化（參考p.123），所以帶有甜味，保存期限較長。採用高含水量（水約占粉末的80%以上）之後，就能產生Q彈口感。

D 脆皮吐司

使用長棍麵包（法國麵包）的麵團（參考p.6）製成的吐司。添加油脂之後，麵團的延展性會變好。適合各種配料。烤過之後，氣味格外地香。表面酥脆，口感較為厚重。

吐司圖表

橫軸是甜度，縱軸代表麵團的口感。越往右越甜，越往上則是口感越輕盈。一般吐司（方形吐司）位居中央，山形吐司的口感則較為輕盈。另外，全麥吐司是添加了全麥粉的吐司總稱。事實上，全麥吐司也有全麥粉含量10～100%、甜度等各式各樣的種類。

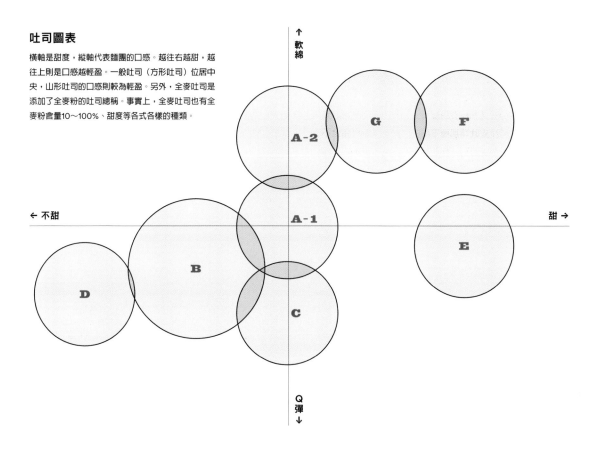

↑ 軟綿

← 不甜　　　　　　　　　　　　　　　　　　　　　　　甜 →

Q彈 ↓

E　生吐司（高級吐司）

添加砂糖、人造奶油或鮮奶油、奶油等油脂類，強調甜度、Q彈口感。比起料理上的搭配，更適合作為早餐或點心。可以抹上果醬或紅豆沙，又或是搭配水果。

F　飯店吐司

搭配大量的人造奶油或鮮奶油。柔軟且份量十足，口感鬆軟。和生吐司一樣，更適合當成早餐或點心。烤過之後，會變得酥脆，也很適合抹醬之類的膏狀配料。

G　布里歐吐司

搭配奶油、雞蛋的高糖油麵包。抹上果醬、巧克力等甜味抹醬，就能馬上變身成點心。肥肝、鵝肝醬、白黴起司等也非常適合。也可以製成漢堡或法式吐司。

切法
吐司因切法而改變性格

8片切（1.5cm）

薄切類型。烤過之後，酥脆且入口即化。全面加熱之後，口感會變得酥脆，但是，Q彈感及小麥的白色風味就會消失。製作三明治時，適合各式各樣的配料。

12片切（1cm）

以三明治專用吐司販售的厚度。適合精緻的三明治，不過，如果採用較具份量的配料，厚度可能稍嫌不足。烤過之後，口感酥脆，出乎意料地容易入口。也很適合搭配紅茶。

6片切（2cm）

萬能類型。兼具薄切的容易食用性與厚切的份量感，但也可說是半調子的感覺。不確定用途的時候，建議採用這種類型。很適合夾肉等配料十足的豪邁三明治。

5片切（2.4cm）

和4片切同屬於厚切的類型。5片切類型較輕盈，容易食用。可同時享受到表面的酥脆感和內層的Q彈口感。不適合用來製作三明治。

4片切（3cm）

咖啡廳等場所常見的厚切方式。烤過之後，只有表面呈現酥脆，內層則感覺Q彈、濕潤。不論搭配何種配料，還是麵包的味道比較鮮明。

平常隨手切的行為也是一門特別的學問。只要深入挖掘，就能創造出不同的美味。例如，依情況的不同，巧妙變化吐司的厚度如何？夏天，唾液的分泌量較少，食慾也會變得比較差。這種時候，就試著把吐司切得比平常更薄吧！酥脆口感會讓人產生好心情，也比較能在嘴裡化開，自然就能更容易入口。

買回美味吐司的當天，就採用厚切。好的吐司通常都能入口即化，適合採用厚切。另外，增加每一口的麵包份量，就能更充分地品嚐到美味。放假的日子，用心泡上一杯咖啡，悠閒享受早餐的時候，也可以採用厚切。準備2人份早餐的時候，比起1片片品嚐的8片切，不如把仔細烤過的4片切分成對半，更能享受奢侈感。切完之後再烤？還是先烤再切？不同的步驟，也能瞬間改變口感。甚至，讓人懷疑「這是同一個麵包？」前者能讓內部確實加熱，所以口感輕盈，小麥風味鮮明。因為表面積增加，所以適合喜歡酥脆口感的人。

切對半
正統的切法。角變多，更容易入口的形狀。切成3等分也有相同的好處。

切條
沾醬或沾半熟蛋的時候，適合這種形狀。條狀更容易入口，所以連不愛麵包的小孩也很喜歡。

口袋切
切成對半後，在中央切出開口，就變成袋狀。也可以裝入咖哩等醬料。

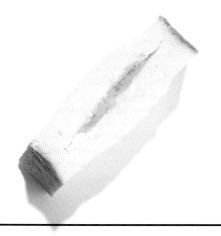

切口
烤的時候，內部會更容易受熱，奶油也能滲入內部，就會更加美味。

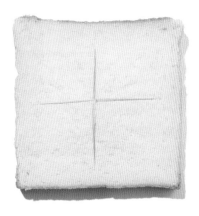

烤法

找尋最佳熟度的瞬間！

烤箱內的時間標準（以下一律為1000W）

 1分30秒 **三分熟**

恰到好處的漸層烤色。能夠在保留原始味道的同時，還能享受到烘烤之後的香氣。味覺方面比較偏向清淡，所以也比較適合味道精緻的料理。

0分 **生吃**

剛買回家的麵包，就先直接吃，試著品嚐麵包的個性與麵包師傅的手藝吧！不光是生吐司，所有的吐司都有各不相同的原始美味。

1分 **一分熟**

表面乾燥的程度。不會破壞掉原始的味道。適合白身魚或生蘑菇等風味細緻的食材，白醬或起司等乳製品也很速配。

稍微花點時間的奶油烤吐司

使用4片切或5片切的吐司

平底鍋

① **吐司切出切口**

在中央切出十字切口等。注意避免完全切斷。

② **把吐司放進平底鍋**

這個時候，沿著鍋緣倒入10ml的水，避免碰觸到吐司。

③ **蓋上鍋蓋，用中火悶煎**

用中火悶煎3分30秒～4分（吐司若為冷凍，就再增加30秒）。開始產生香氣後，翻面，確認煎烤的程度（烤色沒問題後，就進行翻面）。

「吐司的最佳烤色是什麼樣子呢？」我的答案是「漸層」。就是有白色的部分，只有吐司邊稍微焦黃。這種恰到好處的熟度，可以在同一片吐司品嚐到各種不同的風味，讓人怎麼吃都不會膩。而完全相反的則是，烤色厚重焦黃的情況。味道全面集中在烤色厚重焦黃的部分，內部白色部分的味道則會完全消失。另外，因為呈現徹底乾燥的狀態，所以也吃不到吐司的濕潤口感。最佳的熟度會因吐司而有不同。專程從名店買回家的吐司，建議採用一分熟或三分熟，這樣才不會辜負麵包師傅的用心手藝。我每天早上都會烤吐司，在神清氣爽、狀態絕佳的日子裡，就連吐司都會變得格外美味。

2分　五分熟

所謂「焦黃色」的狀態。最大公約數的美味吐司熟度。非常適合搭配融化的奶油、咖啡、奶茶。也很適合肉類料理等味道強烈的料理。

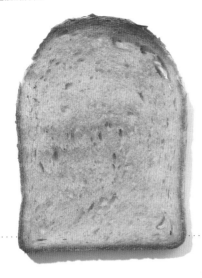

3分　全熟

幾乎快焦黑的程度。由於香氣能夠遮蔽掉其他的風味，所以放置太久的吐司或是感覺有異味（所謂的吐司腥味）的吐司，也能藉此變得美味。

④ **翻面後，放上奶油**

掀開鍋蓋，煎30秒（吐司若為冷凍，就再增加15秒）。這個時候，放上奶油10g（份量依個人喜好），使奶油融化。

⑤ **關火，靜置30秒，就完成了！**

利用餘熱，把內部悶熟。

烤箱

① **噴霧**

按壓2次噴霧，添加水分。

② **用烤箱烤**

預熱2分鐘後，約烤1分30秒（山形吐司的話，就讓隆起部分朝外）。

③ **使奶油融化**

停止加熱，放上奶油後，暫時把烤箱的門關起來，約放置30秒（內部也能確實加熱）。

吃法 ❶

日本人最愛的三明治 & 吐司

配酒 啤酒、日本酒

Q嫩厚煎蛋捲三明治

十分受歡迎的厚煎蛋捲三明治。Q嫩口感的厚煎蛋捲，用微波爐就可以簡單製作。芥末美乃滋成為絕佳的味覺重點。

材料（4塊）

Q嫩厚煎蛋捲
　雞蛋 … 3顆
　牛乳 … 50ml
　鹽巴 … 1/5小匙
　砂糖 … 1小匙
　美乃滋 … 1大匙
芥末美乃滋
　美乃滋 … 1大匙
　日本芥末 … 1/4小匙
奶油（恢復至室溫）… 5g
方形吐司（6片切）… 2片

製作方法

❶ 製作Q嫩厚煎蛋捲（參考p.133）。

❷ 把②的煎蛋捲鋪在攤開的保鮮膜上面，用保鮮膜確實覆蓋，配合吐司的大小，修整煎蛋捲的形狀。

❸ 製作芥末美乃滋。把美乃滋和日本芥茉放進小碗，拌勻。

❹ 把奶油塗抹在吐司的單面，另一片的單面抹上③的芥末美乃滋。

❺ 把④抹上奶油的吐司放在攤開的保鮮膜上面，放上②的煎蛋捲，用另一片吐司夾起來。用保鮮膜包覆整體，至少在室溫下（或冰箱）放置10分鐘。

❻ 在保鮮膜未拆的狀態下，切掉⑤的吐司邊，沿著對角線切開，分成4等分。

配酒 啤酒、葡萄酒（白、粉紅）

速成披薩醬的披薩吐司

冰箱裡面沒有披薩醬，這個時候，可以用冰箱內現有的食材，簡單製作出披薩醬。沒有白葡萄酒時，就用料理酒或水代替吧！

材料（1片）

迷你義大利臘腸 … 3片
乳酪絲 … 30g＋少許
蘑菇 … 2朵
小番茄 … 3個
青椒 … 1/2個
洋蔥（薄切）… 2～3片
速成披薩醬
　奶油 … 5g
　番茄醬 … 1＋1/2大匙（15g）
　白葡萄酒 … 1小匙
　蒜頭（泥）… 3耳勺的份量
　乾香草 … 1撮
胡椒 … 少許
方形吐司（5片切）… 1片

製作方法

❶ 製作速成披薩醬。把奶油放進小的耐熱容器，用微波爐（500W）加熱融化約15秒。

❷ 依序把番茄醬、葡萄酒、蒜頭、乾香草放進①的耐熱容器裡面，每加入一種材料就要充分拌勻，再加入下一種材料。

❸ 臘腸切成對半，蘑菇、番茄切成厚度5mm。青椒去除種籽，切成厚度5mm。

❹ 把②的披薩醬抹在吐司上面，緊密排列上③的臘腸、蘑菇。

❺ 把起司30g平鋪在④上面，放上③的番茄、青椒、洋蔥，再撒上少許起司。

❻ 把⑤放進烤箱，烤至起司融化，吐司邊緣變得酥脆為止。

❼ 把胡椒撒在⑥的上面。

●使用的麵包：知名品牌的吐司。

日本人最愛的吐司，先介紹日本當地的吃法。雞蛋三明治、披薩吐司和水果三明治。
懷舊的傳統食譜，稍微花點巧思，就是增添食材美味與絕妙口感的進化創意。

自製白乳酪的水果三明治

水果三明治通常都是採用發泡鮮奶油，不過，這裡則是加上自製白乳酪，製作出微酸的鮮奶油。

材料（3塊）

自製白乳酪
　原味優格 … 80g
　鮮奶油 … 50ml
　砂糖 … 10g

發泡鮮奶油
　鮮奶油 … 50ml
　砂糖 … 5g

草莓 … 4顆
奇異果 … 1/2個
方形吐司（8片切）… 2片

製作方法

❶ 製作自製白乳酪。把濾紙放進咖啡濾杯，在濾杯下面放置接水用的容器。

❷ 把優格、砂糖放進碗裡，用打蛋器充分拌勻。

❸ 把鮮奶油放進②的碗裡，持續攪拌均勻。

❹ 把③的材料倒進①的濾杯，蓋上保鮮膜，至少在冰箱內放置1小時30分鐘。

❺ 製作發泡鮮奶油。把鮮奶油、砂糖放進另一個碗，充分拌勻。

❻ 一邊用冰水冷卻⑤的碗底，持續打發至勾角挺立的程度。蓋上保鮮膜，放進冰箱。

❼ 草莓去除蒂頭，奇異果去除外皮，分別切成厚度5mm。

❽ ④達到恰到好處的硬度後，倒進⑥的鮮奶油裡面，用打蛋器持續攪拌至柔滑程度。

❾ 把1片吐司放在攤開的保鮮膜上面，抹上⑧的一半份量。一邊思考切口的剖面位置，一邊排列上⑦的水果。

❿ 把剩餘的鮮奶油鋪在⑨的水果上面，完整覆蓋水果，再用另一片吐司夾起來。

⓫ 用保鮮膜包覆⑩，至少在冰箱內放置5分鐘。

⓬ 在保鮮膜未拆的狀態下，切掉吐司邊，垂直切成3等分。

配酒　氣泡酒

吃法 ❷

外國誕生的各式三明治

配酒 紅葡萄酒（厚重、中等）、黑啤酒

速成烤牛肉三明治

吐司製成的英國經典三明治。
夾上將牛肉片層疊後，用平底鍋煎煮的速成烤牛肉。

材料（2塊）

速成烤牛肉（4片吐司的份量）
　薄切牛腿肉 … 250～300g
　鹽巴 … 1/4小匙
　胡椒 … 適量
　橄欖油 … 1大匙
西洋菜 … 15g
辣根美乃滋
　美乃滋 … 1+1/2大匙（15g）
　辣根 … 3/4小匙
奶油（恢復至室溫）… 10g
英式吐司（6片切）… 2片

＊如果沒有辣根美乃滋，
也可用山葵醬3/4小匙代替。

製作方法

❶ 製作速成烤牛肉（參考p.136）。
❷ 西洋菜切掉根部1cm的部分，清洗乾淨後，放進冰水內浸泡。
❸ 製作辣根美乃滋。把美乃滋和辣根放進小碗，拌勻。
❹ 把❷西洋菜的水瀝乾，用廚房紙巾擦乾水分，切成對半。
❺ 吐司烤成三分熟（參考p.56）。
❻ 在❺的吐司（吐司2片份量）單面抹上奶油，把❶牛肉的一半份量鋪在抹上奶油的那一面。
❼ 把❸的辣根美乃滋塗抹在❻的牛肉上面，再用另一片吐司夾起來，垂直切成2等分。

配酒 啤酒、白葡萄酒

鮪魚起司三明治

源自美國的經典鮪魚三明治。
只要學會用平底鍋製作熱壓三明治，就可以應用於其他配料。

材料（2塊）

鮪魚沙拉
　鮪魚罐頭 … 1罐（70g）
　洋蔥（紅洋蔥尤佳）… 15g
　芹菜（莖）… 10g
　自製醃菜（小黃瓜參考p.148／
　或市售的甜黃瓜）… 10g
　美乃滋 … 1+1/2大匙（15g）
　胡椒 … 少許
切達起司 … 20g
奶油 … 10g
英式吐司（6片切）… 2片

＊如果沒有切達起司，也可用乳酪絲、
切片起司代替。

製作方法

❶ 製作鮪魚沙拉。把洋蔥、除掉老筋的芹菜、醃菜切成細末。
❷ 徹底倒掉鮪魚罐頭的油，把鮪魚60g放進碗裡，加入❶的蔬菜材料、美乃滋、胡椒，攪拌均勻。
❸ 把❷的材料鋪在1片吐司上面，放上起司。
❹ 把一半份量的奶油放進平底鍋，開中火加熱，奶油融化後，把❸的吐司放在奶油上面，再重疊上另一片吐司。用鍋鏟稍微輕壓，煎數分鐘左右。
❺ 吐司上色後，翻面，加入剩餘的奶油，持續將另一面煎至焦黃色。
❻ 沿著對角線，把❺的三明治切成2等分。

＊步驟❸的時候，也可以在鮪魚沙拉和起司之間夾上番茄片。

● 使用的麵包：知名品牌的吐司。

烤牛肉三明治、鮪魚起司三明治、黃瓜三明治……有辦法簡單製作出英美當地的吐司三明治嗎？
這裡的食譜便是基於這樣的想法。另一個食譜靈感則來自於麥當勞的蘋果派。

孟買馬鈴薯和黃瓜的三明治

加入印度的馬鈴薯後，份量會增加許多，
所以吐司就使用切得較薄的8片切。明明只有蔬菜，卻飽足感十足。

材料（2塊）

醃泡小黃瓜

　小黃瓜 … 1/2條

　鹽巴 … 1/8小匙

　白葡萄酒 … 1小匙

孟買馬鈴薯

　馬鈴薯（中）… 2個（250g）

　植物油 … 1/2大匙

　西洋黃芥末、孜然（種籽）

　… 各1/4小匙

　月桂葉 … 1片

　鹽巴 … 1/4小匙

　薑黃、芫荽（粉末）… 各1/8小匙

　TABASCO辣椒醬 … 少許

　奶油（恢復至室溫）… 10g

方形吐司（8片切）… 2片

製作方法

❶ 製作醃泡小黃瓜（參考p.142），放進冰箱。

❷ 製作孟買馬鈴薯（參考p.146）。

❸ 吐司用烤箱烤成五分熟（參考p.57）。

❹ 把奶油抹在❸吐司（2片吐司的份量）的單面，把❷的孟買馬鈴薯鋪在抹上奶油的那一面（1片）。

❺ ❶的小黃瓜用廚房紙擦乾水分，排列在❹的馬鈴薯上面，再用另一片吐司夾起來。

❻ 將❺的成品，垂直切成2等分。

蘋果熱壓三明治

用熱壓吐司機製作的蘋果熱壓三明治，就像蘋果派那樣。
因為烤後的花紋很可愛，所以就使用了鬆餅機。

材料（2塊）

焦糖蘋果

　蘋果 … 1個（300g）

　砂糖 … 40g

　水 … 1大匙

　白豆蔻（粉）… 2撮

奶油（恢復至室溫）… 20g

英式吐司（6片切）… 2片

製作方法

❶ 製作焦糖蘋果（參考p.149）。

❷ 分別在2片吐司的單面抹上奶油5g，把❶的焦糖蘋果鋪在抹上奶油的那一面（1片），再用另一片吐司夾起來。

❸ 把剩餘的奶油放進小的耐熱容器，用微波爐（500W）加熱15秒，讓奶油融化。

❹ 用刷毛等道具，在鬆餅機上面薄塗上一層❸的奶油，把❷的吐司放進鬆餅機裡面烤。中途，也在麵包的兩面抹上❸的奶油。

❺ 將❹的成品，垂直切成2等分。

＊在步驟❹的階段，融化奶油的塗抹量越多，烤色就會越漂亮。

妄想特派員報導 ③

利用鐵板讓配料和吐司合體
韓國的街邊美食「街邊吐司」

안녕하세요（大家好）！我是從韓國首爾到日本留學第2年的留學生金班傑。目前住在東京。日語程度還沒有非常精進，還請多多指教。

我很喜歡東京的生活。因為東京有很多漫畫、動畫可以看（不過，我還是有認真用功讀書喔！）不過，如果有那種東西的話，就更美好了。什麼東西呢？那就是街頭攤販式的「小吃」。韓語叫做「노점（no jomu）」。這種小吃攤販位在人潮很多的街道旁。可以買到很多可以邊走邊吃的點心或輕食。每種小吃都非常好吃。也有販賣關東煮的攤販。就像日本的便利商店那樣。其中，我最喜歡的是街邊吐司（길거리 토스트）。就是在鐵板上，煎出含有大量蔬菜的煎蛋，再用大量的奶油煎烤吐司，然後再將全部合併起來的熱三明治。因為韓國人會吃大量的蔬菜，所以也會在雞蛋裡面加上大量蔬菜。傳統的調味是番茄醬和砂糖。大家或許不太相信，其實砂糖就是主要的關鍵所在。煉乳口味也非常好吃。韓國人也常用它來當早餐。我也不例外，每次去大學上課之前，也都會去買。售價頂多100日圓，非常地「經濟實惠」。真的很令人懷念。不知道當

時的攤販大嬸過得好不好？因為我自己也會在家裡做，所以就打算介紹一下。

另外，「一鍋端吐司（원팬토스트）」也是。這種吐司在我的韓國朋友之間十分流行。把切好的吐司放在薄煎的雞蛋上面，翻面後，再把雞蛋摺起來。然後，再鋪上起司和果醬，再摺成對半。因為同樣使用了大量的奶油，所以味道就像是法國吐司那樣。就算只有雞蛋，也非常美味。做法比街邊吐司更簡單，所以我就試著做看看（食譜參考p.134）。吃完後，又能活力滿滿囉！안녕（再見）～

街邊吐司　　　　　　　　　　一鍋端吐司

街邊吐司
材料（2塊）

裏脊火腿 … 2片
雞蛋 … 1顆
高麗菜 … 20g
胡蘿蔔 … 15g
青蔥 … 2～3支
鹽巴 … 少許
奶油 … 15～20g
番茄醬 … 適量
砂糖 … 適量
吐司（8片切）… 2片

製作方法

❶ 火腿、高麗菜、胡蘿蔔切絲，青蔥切蔥花。
❷ 把雞蛋打進碗裡，用筷子確實打散。
❸ 把①和鹽巴放進②的碗裡，拌勻。
❹ 平底鍋用中火加熱，放入1/5份量的奶油加熱融化。
❺ 把③的蛋液倒進④的平底鍋裡面，將形狀修整成吐司大小的方形，兩面都煎好之後，移到調理盤。
❻ 把2/5份的奶油倒進同一個平底鍋，奶油融化時，把吐司放進鍋裡，將單面煎至焦黃色。
❼ 把剩餘的奶油放進⑥的平底鍋裡，將吐司翻面，另一面也煎至焦黃色。

❽ 把⑤的配料移到⑦的吐司上面，依序淋上番茄醬（如下方照片）、砂糖，再用另一片吐司夾起來。
❾ 依對角線，把⑧切成2等分。

妄想特派員報導 4

保留麵包原形的扁平麵包・皮塔餅
搭配小盤料理一起品嚐的餐前小菜配角

左起朝順時針方向依序是,切成4等分
的皮塔餅╱鷹嘴豆泥:泥狀的鷹嘴豆
(參考p.149)╱塔布勒沙拉:黎巴嫩
風格的巴西里沙拉(參考p.142)╱紅
椒核桃醬:甜椒和核桃製成的醬(參考
p.144)╱中東茄子泥:煎茄子的醬
(參考p.147)╱塔沙摩沙拉:希臘風
格的魚卵醬(可用p.146的塔沙摩沙拉
代替)

皮塔餅

Merhaba(大家好)!我是中東代表,土耳其的特派員穆斯塔法・皮塔欣。嘿嘿!被稱為麵包原型的食物,其實就源自於我們居住的中東地區,大家知道嗎?那個時候,人們還沒有發現名為「發酵」的技術,就只是單純把小麥或大麥磨成粉,再和水一起揉捏,擀成圓形後,直接烘烤。就是現今所謂的「無發酵麵包」(參考p.117)。至今,中東或地中海周邊地區,扁平類型的麵包仍是日常生活中常見的食物。其中最具代表性的就是「皮塔餅(Pita)」。就是日本當地,經常以快餐車形式販售的土耳其烤肉三明治(Kebab Sandwich;我的朋友也是在那種地方打工)所使用的圓形白色麵包。因為中央呈現空洞,所以又被稱為「口袋麵包」。只要把Kebab(烤肉)或生菜塞進裡面,三明治就完成了。另外,把鷹嘴豆製成的橢圓形可樂餅「油炸鷹嘴豆餅」和蔬菜塞進麵包裡面的油炸鷹嘴豆三明治,也很受歡迎。

其實這種麵包還有其他不同的吃法。切成4等分之後,沾著各式各樣的醬料吃。以我自己的國家來說,我們的『麵包使用說明書』是搭配各式各樣的醬料或抹醬,所以這個時候就該輪到我上場說明了。

如果要採用皮塔餅搭配醬料的吃法,絕對不能錯過的就是「餐前小菜(Meze)」。餐前小菜也是中東和地中海周邊地區的飲食文化,簡單來說,就是「搭配餐前酒一起品嚐的小盤料理」。餐桌上會擺上5~10種左右的小盤料理,不過,其中多半都是醬料料理。用皮塔餅沾那些醬料吃,格外的美味。如果沒有皮塔餅的話,也可以搭配墨西哥玉米片或印度烤餅。再不然,還有在我的國家十分受歡迎的吐司,把吐司薄切之後,烤一下,再切成三角形,分成4等分。另外,把切片成1cm左右的長棍麵包烤脆,也相當適合。

那麼,這邊就來介紹一些餐前小菜吧!不過,因為國家不同,名稱或食材等內容或許會有些許差異,這部分還請多多包涵。如果再搭配上墨西哥的酪梨醬、法國的涼拌胡蘿蔔絲、德國的酸菜,滿桌的餐前小菜應該就會變得更加國際化了!

午餐麵包 & 奶油捲麵包

【香甜鬆軟、懷舊】

發源、語源

午餐麵包：1919年，以陸軍採購用的麵包而誕生。
語源來自法語的「Coupé」（切斷）。
奶油捲麵包：加了奶油的圓麵包。
因為是把擀平的麵團捲起來所製成。

材料

午餐麵包：小麥粉、水、砂糖、奶油、鹽巴、
（牛乳、脫脂奶粉／脫脂牛奶等乳製品）
奶油捲麵包：小麥粉、水、奶油、砂糖、雞蛋、鹽巴、
（牛乳、脫脂奶粉／脫脂牛奶、煉乳等乳製品）

這兩種麵包是日本人最熟悉的麵包。差異在於高糖油成份配方。奶油捲麵包的糖和奶油用量較多，採用雞蛋的情況也較多（有些午餐麵包也會使用雞蛋）。午餐麵包的甜度較低，配方趨近於吐司（參考p.50）。

午餐麵包的大小取決於1餐的份量，因為當初的用途是作為軍糧之用。在太平洋戰爭期間主要作為軍用配給之用，戰後便以一般民生物資而逐漸普及。在當時，午餐麵包的運送及配給米飯更為簡單，而且也不會弄髒盤子，因而被視為十分珍貴的食物。

另一方面，奶油捲麵包一直是西餐或飯店早餐中十分受歡迎的餐點。也就是說，午餐麵包屬於日常中常見的平凡麵包，奶油捲麵包則被定位於特殊日子裡的奢侈麵包。

還有另一種和午餐麵包十分類似的熱狗麵包。有些店家會特別將兩者加以區分。鹹味用熱狗麵包，甜味則用午餐麵包，不過，兩者的界線十分曖昧。熱狗麵包的甜味更低，更適合製作成鹹味。

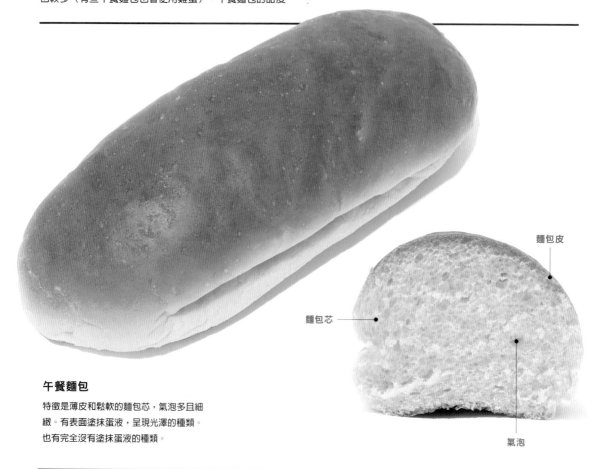

麵包皮

麵包芯

氣泡

午餐麵包

特徵是薄皮和鬆軟的麵包芯，氣泡多且細緻。有表面塗抹蛋液，呈現光澤的種類。也有完全沒有塗抹蛋液的種類。

製法的特色

細長的午餐麵包，粗短的奶油捲麵包

在製作方法方面，兩種麵包的最大差異在於整型的方法。奶油捲麵包是先用擀麵棍把麵團擀平，然後再把麵團捲起來。午餐麵包是折成3折後，整型成鰹魚乾的形狀（因此，又被稱為「鰹魚乾麵包」）。相對於在餐桌上，用手撕著吃的奶油捲麵包，比用來製成三明治的午餐麵包，更容易入口。

午餐麵包的整型
把用手掌壓平的麵團折3折。之後再折2折。

奶油捲麵包的整型
把用擀麵棍擀平的麵團捲起來。

奶油捲麵包

特徵幾乎和午餐麵包相同。可是，奶油、雞蛋的含量較多，所以顏色偏黃且口感濕潤。表面大多有塗抹蛋液，呈現光澤。

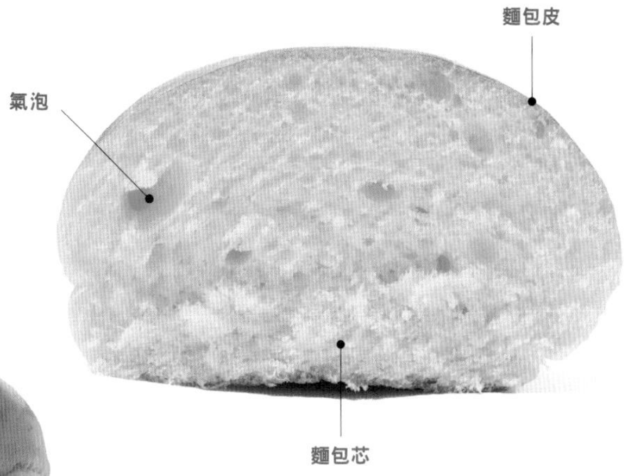

麵包皮

氣泡

麵包芯

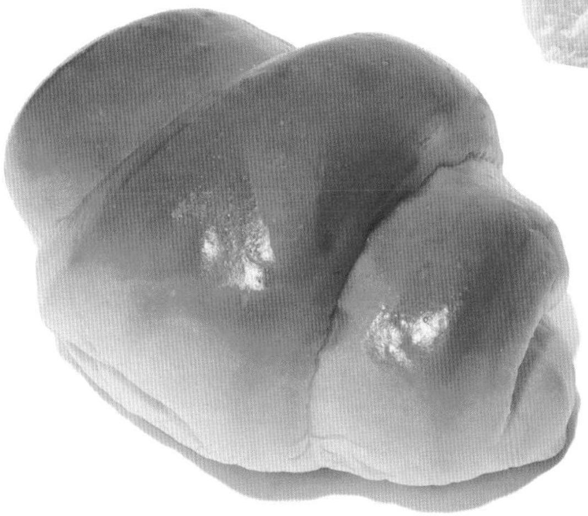

切法

試著在切法上加點玩心吧！

午餐麵包、奶油捲麵包的切法都是相同的。一種是橫切，將上下打開的「橫切」（腹切），一種是縱切，將左右打開的「背切」。還有兩種折衷的「斜切」。

「條紋切」、「雙縱切」則可以夾上各不相同的配料，享受更多不同的風味。可搭配草莓、藍莓等果醬、柑橘醬、小黃瓜、甜椒、芽菜等蔬菜。或者，也可以採用像香腸和馬鈴薯泥（參考p.146）那種營養均衡的搭配。

縱切

可以清楚看見配料，所以容易裝飾。例如，發泡鮮奶油（參考p.157）和柑橘製成的水果三明治等。熱狗麵包通常都是採用這種切法。

斜切

不僅可以夾入較多的配料，也能清楚地看見配料。中間可以夾入塔塔醬（參考p.69）或清爽的果醬等容易流動的醬料。

橫切

可以夾上大量的配料。也可以加壓製成熱壓三明治。比較容易塗抹果醬或花生醬、奶油等抹醬。

條紋切

橫切出4～5道切口。可以把奶油擠進切口，夾上各式各樣的水果，也可以塞進馬鈴薯沙拉，再放上不同的蔬菜……在切口排列上五顏六色的配料後，就連視覺也會變得美味萬分。

雙縱切

在上方切出2道平行的切口。可以分別夾上雞蛋沙拉（參考p.132）和漢堡、紅豆和奶油等，2種不同的食材。

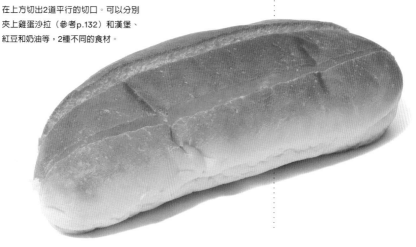

烤法

加熱，不烤焦

用烤箱加熱後，就會變得柔軟、香氣四溢。可是，午餐麵包和奶油捲麵包不僅容易烤焦，也容易變硬，所以必須特別注意。以下介紹使用鋁箔紙的烤法。p.40的可頌也可以採用這種烤法。

① 用鋁箔紙把麵包包起來

包起來，就能避免直接受熱。

② 用預熱2分鐘的烤箱烤3分鐘

若要作為三明治用，就先切出切口再烤，這樣內部比較容易受熱。

吃法 **❶**
在懷舊配料上花點巧思

羊羹 & 咖啡奶油

用切片的羊羹取代紅豆。紅豆和咖啡的組合，有種似曾相識的的懷舊味道。

材料（1個）

羊羹（厚度5mm）… 5片
無糖咖啡奶油
　奶油（無鹽尤佳／恢復至室溫）
　… 10g
　水 … 數滴
　即溶咖啡 … 0.2g
午餐麵包 … 1個

製作方法

❶ 製作無糖咖啡奶油。把水和咖啡放進小碗，用小的抹刀拌勻。

❷ 把奶油放進①的小碗，攪拌至呈現乳霜狀。

❸ 麵包縱切，把②的咖啡奶油塗抹在內側的單面，另一面則鋪上羊羹。

＊奶油也可以使用清淡的奶油或檸檬奶油（參考p.156）。

配酒 日本酒（甜口）

檸檬風味的番茄義大利麵

用檸檬皮增添香氣的清爽番茄醬。
只要使用這種醬料，就能製作出與拿坡里義大利麵無二致的不平凡味道。

材料（2個）

去骨火腿 … 2片
青椒 … 1個（30～40g）
洋蔥 … 15g
義大利麵 … 40g
檸檬風味的番茄醬（容易製作的份量）
　檸檬（日本國產尤佳）… 1個
　蒜頭 … 3瓣（15g）
　水 … 100ml
　橄欖油 … 3大匙
　番茄罐（切塊番茄尤佳）… 400g
　蜂蜜 … 1大匙
　鹽巴 … 1/2小匙
橄欖油 … 1小匙
鹽巴、胡椒 … 各少許
巴西里（生）… 2朵
奶油（恢復至室溫）… 10g
午餐麵包 … 2個

製作方法

❶ 製作檸檬風味的番茄醬（參考p.152）。

❷ 火腿切成寬度8mm的便籤切，青椒去除種籽，切成絲，洋蔥切成和青椒相同長度的細絲。

❸ 用加了鹽巴（份量外）的熱水煮義大利麵，達到指定時間後，把熱水瀝掉。

❹ 用中火加熱平底鍋裡的橄欖油，倒入②的材料拌炒。青椒變軟後，加入鹽巴、胡椒。

❺ 把③的義大利麵、4大匙①的番茄醬、10條①剩餘的檸檬皮絲，放進④的鍋裡持續翻炒，讓材料裹滿醬料，直到收乾水分。

❻ 麵包縱切，把奶油塗抹在內側，夾上⑤的義大利麵，裝飾上巴西里。

配酒 啤酒、葡萄酒（粉紅、紅／輕盈）

●使用的麵包：知名品牌的熱狗麵包（長度19cm、寬度6cm／尺寸比午餐麵包專門店的略小）。

午餐麵包非常適合懷舊的西式或日洋折衷的甜點。每一種都是大家所喜歡的經典口味，
不過，只要增加一點素材或花點巧思，就能加分許多。如果把午餐麵包換成奶油捲麵包，數量就改成2個。

配酒 啤酒、高球、白葡萄酒（辣口）

蜂蜜薑汁燒肉 & 高麗菜

經典小菜薑汁豬肉，只要加上一點蜂蜜，就成了西式風味。
搭配大量的高麗菜絲，口味更是絕配。

材料（1個）

蜂蜜薑汁燒肉
  薑汁燒肉用豬肉（略厚）
  … 1片（40～45g）
  薑 … 1cm片狀
  太白粉 … 少許
  醬油 … 1+1/2小匙
  酒、味醂 … 各1小匙
  蜂蜜 … 1/4小匙
  植物油 … 1小匙
高麗菜 … 30g
芥末美乃滋
  美乃滋 … 1小匙
  日式芥末 … 1/6小匙
奶油（恢復至室溫）… 2.5g
午餐麵包 … 1個

製作方法

❶ 高麗菜切除菜芯，切絲。
❷ 製作蜂蜜薑汁燒肉。把豬肉切成對半，整體撒上太白粉。
❸ 把醬油、酒、味醂、蜂蜜、去除外皮，磨成泥的薑放進小碗，充分拌勻。
❹ 用中火加熱平底鍋裡的油，把❷的肉片放進鍋裡，持續煎煮至雙面上色。
❺ 把❸的醬汁倒進❹的鍋裡，讓肉片都裹上醬汁。
❻ 製作芥末美乃滋。把美乃滋、日式芥末放進小碗，充分拌勻。
❼ 麵包縱切，在內側的單面抹上奶油，另一面則抹上❻的芥末美乃滋。
❽ 把❺的肉片鋪在❼的奶油那一面，❶的高麗菜絲鋪在芥末美乃滋的那一面，然後再夾起來。

配酒 啤酒、高球、日本酒（辣口）

炸魚 & 塔塔醬

令人驚豔的美味塔塔醬，引誘出炸魚的鮮美。
油炸、香煎，任何料理法都適用的萬能美味塔塔醬。

材料（2個）

炸魚
  白身魚（鱈魚、藍點馬鮫等）… 2塊
  鹽巴、胡椒 … 各少許
  低筋麵粉、蛋液、麵包粉 … 各適量
  炸油 … 適量
生菜（參考p.141）… 4片
塔塔醬（容易製作的份量）
  全熟水煮蛋（參考p.132）… 1個
  洋蔥 … 15g
  甜黃瓜（市售）… 30g
  美乃滋 … 50g
  胡椒 … 少許
巴西里（生、葉、細末）… 適量
奶油（恢復至室溫）… 10g
午餐麵包 … 2個

製作方法

❶ 首先製作塔塔醬。準備全熟水煮蛋（參考p.132），全熟水煮蛋冷卻後，切成細末。
❷ 洋蔥、甜黃瓜切成細末。
❸ 把❶、❷、剩餘的材料全放進小碗，充分拌勻。蓋上保鮮膜，放進冰箱。
❹ 製作炸魚。白身魚如果有魚刺，先把魚刺剔除，然後切成容易塞進麵包裡的大小。稍微抹上鹽巴，靜置10分鐘。
❺ 用廚房紙巾擦乾❹魚塊的水分，撒上胡椒。抹上低筋麵粉，依序沾上蛋液、麵包粉，直接放置5分鐘。
❻ 把❺放進180℃的油鍋裡面，炸至兩面呈現焦黃色為止。
❼ 麵包縱切，在內側的單面抹上奶油。
❽ 依序把生菜、❻的炸魚夾進❼的麵包裡面，淋上❸的塔塔醬，撒上巴西里。

吃法 ❷
塞滿靈活運用迷你尺寸的配料

冰淇淋柑橘麵包

把夾上義式冰淇淋的布里歐麵包換成奶油捲麵包。
也可以使用添加寒天的水果罐，將水果和寒天鋪在上方。

材料（1個）

柑橘（罐頭）… 5～6個
冰淇淋（香草）… 1/2杯（55ml）
奶油捲麵包 … 1個

製作方法

❶ 把柑橘排在廚房紙巾上，去除多餘糖漿。
❷ 麵包斜切。
❸ 把冰淇淋放進杯子，用奶油抹刀挖出容易夾進麵包的份量。
❹ 把③的冰淇淋還有①的柑橘夾進②的麵包裡面。

[配酒] 氣泡酒

雙重橄欖馬鈴薯沙拉麵包

試著在經典馬鈴薯沙拉的美乃滋裡面加上橄欖油，同時再混入橄欖果實。
此外，也可以加上洋蔥細末。

材料（1個）

去骨火腿 … 1片
橄欖馬鈴薯沙拉
（奶油捲麵包3～4個的份量）
　馬鈴薯（大）… 1個（200g）
　橄欖（綠，無籽）… 7顆
　橄欖油 … 1+1/2大匙
　鹽巴 … 1/4小匙
　胡椒 … 少許
奶油（恢復至室溫）… 5g
奶油捲麵包 … 1個

製作方法

❶ 製作橄欖馬鈴薯沙拉。馬鈴薯去皮，切成厚度1.5cm的片狀，至少泡水5分鐘。
❷ 把水倒進鍋裡，約3/2高度，蓋上鍋蓋，開大火加熱。
❸ ②的水沸騰後，加入①瀝乾水的馬鈴薯，用中火約煮20分鐘。
❹ 橄欖切成5mm的丁塊狀。
❺ ③的馬鈴薯完全變軟後，把熱水倒掉。把馬鈴薯倒回鍋裡，開中火收乾湯汁。
❻ 把⑤的馬鈴薯倒進碗裡，用搗杵等工具稍微搗成碎粒。
❼ 把④的橄欖、剩餘的材料，倒進⑥的碗裡，在不壓碎馬鈴薯的狀態下，將材料拌勻。
❽ 麵包斜切，把奶油抹在內側。
❾ 依序把⑦的馬鈴薯沙拉、折成對半的火腿，夾進⑧的麵包裡。

[配酒] 葡萄酒（白、粉紅、紅／輕盈）

●使用的麵包：比知名品牌的奶油捲麵包略大。

可以簡單製作出1人份三明治的奶油捲麵包。利用這樣的大小，介紹熱狗堡、漢堡，以及2種義式三明治。
只要將配料加倍，就能應用在午餐麵包上頭。

香腸＆綠色開胃小菜

如果要用香腸製作熱狗堡的話，奶油捲麵包的大小最為適合。
利用將蔬菜切碎製成的開胃小菜，製作出耳目一新的熱狗堡。

材料（2個）

香腸 … 2條
綠色開胃小菜
　洋蔥 … 1/4個（50g）
　自製醃菜（小黃瓜，參考p.148／
　或是市售的甜黃瓜）… 10g
　巴西里（生、葉、細末）
　… 1大匙
　鹽巴 … 1/5小匙
　TABASCO辣椒醬 … 適量
植物油 … 1小匙
奶油（恢復至室溫）… 6g
奶油捲麵包 … 2個

製作方法

❶ 製作綠色開胃小菜。洋蔥、醃菜切成細末。
❷ 把❶的材料、巴西里、鹽巴、TABASCO辣椒醬（略多）放進小碗，充分拌勻。
❸ 香腸在4個部位切出刀口，用80℃左右的熱水煮1分鐘後，放進中火熱油的平底鍋煎熟（也可以省略水煮的步驟）。
❹ 麵包縱切，內側抹上奶油。
❺ 把❸的香腸夾進❹的麵包裡，鋪上❷的開胃小菜。

配酒 啤酒、高球

100％純牛肉的奶油捲麵包

把漢堡用的漢堡麵包，換成奶油捲麵包。
夾上唯有美式漢堡才會出現的鮮美牛肉餅。

材料（2個）

牛肉餅
　牛絞肉 … 100g
　鹽巴 … 1/5小匙
　胡椒 … 少許
　橄欖油 … 1大匙
特製漢堡醬
　日式芥末 … 1/8小匙
　番茄醬 … 1/2大匙
　伍斯特醬 … 1大匙
番茄（厚度5mm）… 2片
洋蔥（厚度2mm）… 2片
萵苣（參考p.141）… 2片
奶油（恢復至室溫）… 10g
奶油捲麵包 … 2個

製作方法

❶ 製作特製漢堡醬。把日式芥末、番茄醬放進小碗，充分拌勻。
❷ 把特製漢堡醬放進❶的小碗，充分拌勻。
❸ 製作牛肉餅。把絞肉、鹽巴、胡椒放進碗裡，用手充分揉捏。
❹ 把❸的材料分成2等分，塑型成厚度7～8mm的橢圓形。
❺ 把❹放進用中火將橄欖油加熱的小平底鍋，蓋上鍋蓋。將兩面煎黃，直到中心部分熟透。
❻ 麵包斜切，在內側抹上奶油。
❻ 依序把番茄、洋蔥、抹上❷漢堡醬的❺牛肉餅、萵苣，夾進麵包❻裡面。

配酒 啤酒、紅葡萄酒（中等）

妄想特派員報導 5

紅豆麵包、奶油麵包、咖哩麵包……
經典加點巧思＆口味變化的新經典

因為我非常喜歡麵包，所以就在主持麵包實驗室的池田浩明先生身邊擔任助手。由於我以前還挺混的，所以本名就略過……大家就叫我的網名「麵包太郎」吧！

2020年12月開始，師父和聖堂教父的酒井雄二先生一起主持了BS朝日的節目《我超愛麵包（パンが好きすぎる！）》。不知道大家是否曾經看過？這裡就為沒有看過那個節目的讀者們，稍微說明一下。每集節目都會介紹一種日本當地十分普遍的麵包，酒井先生和師父會各自帶上自己推薦的麵包，分享麵包的味道，以及對那個麵包的種種回憶。最後，師父會介紹麵包的相關食譜，30分鐘的節目內容十分充實。順道一提，旁白是安美佳小姐（好像跟主題無關……）。師父對麵包的愛，在他身邊隨時都可以深刻感受到，這也是眾所皆知的事情，不過，酒井先生對麵包的愛也是不遑多讓。雖然我對酒井先生的景仰，並不亞於師父，不過，還是不可以變心，對吧！池田師父是我的最愛。

節目結束之後，我會在家裡挑戰師父分享的食譜，偶爾也會試著把食譜改良成個人風格。當我把重新改良後的麵包拿去給師父的時候，出乎意料外的，師父給了我這樣的評語，「麵包太郎，這個很好吃耶！讓我把這個食譜分享給節目觀眾吧！」咦？我的食譜可以用嗎？這樣的結果真的令我又驚又喜。師父說：「你可以分享我的食譜，也可以試著改良，也可以自創你個人專屬的食譜，不需要客氣，什麼樣的食譜都可以。讀者一定也會非常開心。」師父的地位很高，但是心胸卻很寬闊。麵包太郎我一定要好好努力才行！於是，我就出現在這裡了。

前面鋪陳了那麼多，那麼，大家都準備好了嗎？這次的經典麵包是紅豆麵包、菠蘿麵包、奶油麵包、果醬麵包、咖哩麵包、鹹麵包6種。節目播出的時候，並沒有列出果醬麵包，這次則基於個人喜好加上了果醬麵包。

紅豆麵包

藍紋起司＆核桃

材料、製作方法

藍紋起司 … 1～2小匙
核桃（整顆、烘烤）… 2～3個

❶ 麵包切成對半。
❷ 把撕碎的藍紋起司和核桃塞進①的麵包凹洞裡面。
＊藍紋起司不要添加太多。

咖啡凍

材料、製作方法

咖啡凍（附鮮奶油）… 適量

❶ 麵包切成對半。
❷ 用湯匙把咖啡凍塞進①的麵包凹洞裡面，淋上隨附的鮮奶油。

菠蘿麵包

甜瓜＆冰淇淋

材料、製作方法

甜瓜 … 1/8塊
冰淇淋（香草）… 1/2杯（55ml）

❶ 甜瓜削除外皮，切成厚度5mm的片狀。
❷ 麵包斜切，依序塞入冰淇淋、①的甜瓜。

草莓＆酸奶油

材料、製作方法

草莓 … 4～5顆
酸奶油 … 適量

❶ 草莓去除蒂頭，切成厚度5mm的片狀。
❷ 沿著麵包的紋路斜切。
❸ 把酸奶油塗抹在最邊緣的麵包剖面，把①錯位塞入，再用抹上酸奶油的那一面夾起來。
❹ 重複③的步驟，持續到另一邊。

奶油麵包

烤香蕉＆橄欖油

材料、製作方法

香蕉 … 1/2條

精白砂糖 … 1小匙

橄欖油 … 適量

❶ 香蕉縱切成對半，撒上精白砂糖。

❷ 把①的香蕉放在鋪有鋁箔紙的烤箱裡面，稍微烘烤直到上色。

❸ 麵包橫切，鋪上②的香蕉，淋上橄欖油。

杏仁焦糖瓦片

材料、製作方法

焦糖 … 1顆（4.5g）

杏仁（烘烤、無鹽、碎片）… 適量

❶ 把焦糖放在烤盤紙上面，用微波爐（500W）加熱30～40秒。

❷ 趁①的焦糖膨脹的期間，撒上杏仁碎片。

❸ 麵包切成對半，分別將折成對半的②杏仁焦糖瓦片塞進凹洞裡面。

咖哩麵包

雞蛋＆起司

材料、製作方法

半熟水煮蛋（參考p.132）… 1個

乳酪絲 … 適量

❶ 麵包切成對半，把起司塞進凹洞，切口朝上，放進烤箱烤。

❷ 把半熟水煮蛋切成對半，塞進①的麵包凹洞裡面。

番茄＆芫荽

材料、製作方法

自製半乾番茄（參考p.143）… 25g

洋蔥（切碎）… 15g

芫荽（生、葉）… 10片

❶ 把番茄、洋蔥、用手撕碎的芫荽放進小碗，充分拌勻。

❷ 把麵包切成對半，放進烤箱烤。

❸ 把①的配料塞進②的麵包凹洞裡面。

果醬麵包

冰冷奶油

材料、製作方法

奶油（無鹽尤佳）… 適量

❶ 奶油盡可能薄切，放進冷凍庫冷凍。

❷ 麵包橫切，把①的奶油夾起來。

核桃餡

材料、製作方法

核桃餡（參考p.151）… 適量

❶ 麵包橫切。

❷ 把核桃餡鋪在①的果醬上面和周邊。

鹹麵包

BLM三明治

材料、製作方法

培根（對半厚切）… 2片

舞茸 … 適量

菜葉蔬菜（依個人喜好／參考p.141）… 1～2片

橄欖油 … 1小匙

胡椒 … 少許

奶油 … 少許

美乃滋 … 適量

❶ 把培根放進用中火加熱橄欖油的平底鍋，香煎上色。

❷ 把用手撕開的舞茸放進①的平底鍋裡，稍微翻炒，撒上胡椒。

❸ 麵包斜切，在內側抹上奶油。

❹ 依序把②的培根、美乃滋、②的舞茸，夾進③的麵包裡面。

微炙鮪魚＆特製美乃滋醬

材料、製作方法

微炙鮪魚 … 60g

洋蔥（細末）… 30g

芽菜（西洋黃芥末尤佳）… 適量

特製美乃滋醬

　美乃滋 … 1/2大匙

　義大利香醋 … 1/2小匙

　醬油 … 1/2小匙

奶油 … 少許

❶ 把特製美乃滋醬的材料充分拌勻。

❷ 把鮪魚和洋蔥放進小碗，拌勻。

❸ 麵包橫切，在剖面抹上奶油。

❹ 把②的材料鋪在③的麵包上面，淋上①的特製美乃滋醬，撒上芽菜。

佛卡夏

【最符合義大利人的美味板麵包】

發源、語源

Focaccia的意思是「火烤的東西」。
起源追溯自紀元前用燒燙的石頭烤麵包的時期。

材料

小麥粉、水、橄欖油、鹽巴

佛卡夏（Focaccia）的語源裡面，含有義大利語「fuoco」（火）之意。其外型承襲自烤窯發明前，只能烤扁平麵包的傳統時代。據說發祥地是義大利北西部的熱那亞（Genova），不過，義大利各個地區還是有些許差異（如果再加上類似於托斯卡尼鹹餅（Schiacciata）的麵包，那就更加複雜了）。堅持守護地方特色，可說是義大利的風格吧！

高度扁平的佛卡夏，可以製作成三明治，也可以搭配料理上桌。麵團裡面添加有橄欖油，甚至上方也有淋上橄欖油，因此提高了酥脆感，同時也十分適合搭配義大利的食材。鋪上迷迭香或橄欖等食材，就成了小點心。同時也兼具邊走邊吃的小吃性格。

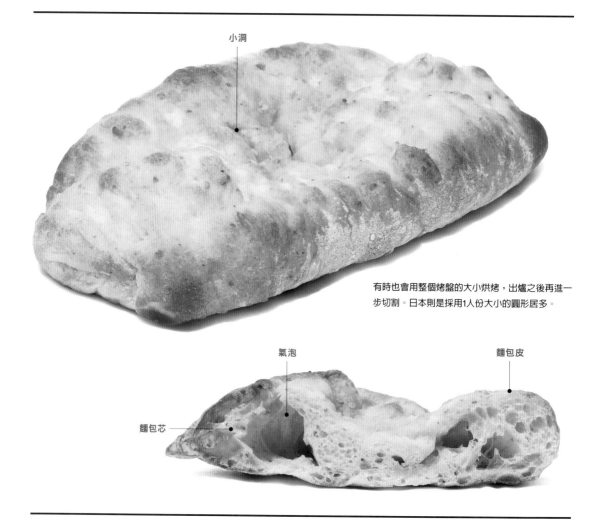

小洞

有時也會用整個烤盤的大小烘烤，出爐之後再進一步切割。日本則是採用1人份大小的圓形居多。

氣泡

麵包皮

麵包芯

製法的特色

什麼？
麵團扎洞沒問題嗎!?

把佛卡夏送進窯裡烘烤之前，有個十分豪邁的動作。就是用手指（有時則是用木棍），在烤盤上的麵團上面戳洞。藉此讓空氣透過小洞排出，使麵包變得不容易膨脹，就可以維持原本扁平的形狀。

甚至還要淋上橄欖油。堆積在小洞內的橄欖油，會慢慢滲進麵團。如此一來，在咬下麵包的時候，就能產生令人無法抗拒的濕潤油香。有時也會刻意把岩鹽或是迷迭香撒在小洞裡面。

在麵團上戳洞
被稱為扎小洞的作業。由於空氣會經由小洞排出，所以就能製作出扁平形狀的麵包。

淋上橄欖油
直接淋上橄欖油。橄欖油會流進小洞，滲入麵團裡面，讓麵包變得更加美味。

表層飾材
撒上鹽巴，或是把迷迭香撒在小洞裡面。

鋪上配料
鋪上蔬菜的類型，大多都是抹上番茄醬，再鋪上配料。

另一種義大利代表「拖鞋麵包」

Ciabatta的義大利語是「拖鞋」的意思。因為四角形的外觀、大小和拖鞋類似，所以才會有這樣的名稱。拖鞋麵包是1982年，阿納爾多·卡瓦拉里開發來對抗法國長棍麵包的麵包，資歷出乎意料地淺。製作方法和洛斯提克麵包（參考p.20）類似，直接烘烤分切好的麵團。特徵是含水量較多，口感濕潤，入口即化。日本國內則是添加橄欖油製成，所以風味和佛卡夏相同。因此，拖鞋麵包也適用p.78～79的吃法。

切法

可搭配料理
或製成三明治

義大利人備餐的時候，會在竹藍裡面準備佛卡夏等切好的麵包，把它當成餐前酒的小點心或餐間的麵包品嚐。橫切後，夾上配料的佛卡夏三明治也十分普及。

橫切
製作成三明治的時候，採用這種切法。
拖鞋麵包也是相同的切法。

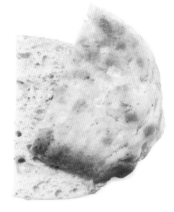

薄切
搭配料理時的切法。切成厚度1～
1.5cm的片狀。裝在竹藍裡，各自取
用。

方形切／三角形切
搭配料理時的切法。切成一口或兩口大
小，裝在一人份的盤子裡供餐。若是方
形佛卡夏，就切成方形。圓形佛卡夏則
切成三角形。也可以裝在竹藍裡，讓大
家各自取用。

烤法

和配料
一起放進平底鍋

因為是扁平的麵包，所以用烤箱就能簡單加熱至內部，不過，個人則比較推
薦用平底鍋，把表面煎至酥脆。連同番茄、洋蔥、青椒等一起煎，再將配料
鋪在上方，就能營造出小義大利的氛圍。

① **去除表層飾材**
為避免飾材沾黏在平底鍋上面，要先去除掉鹽巴
或迷迭香等表層飾材，然後用盤子裝起來備用。

② **用平底鍋煎**
用平底鍋加熱橄欖油（奶油亦可），用中火煎麵
包底部1分鐘。這個時候，也把表層飾材用的蔬
菜一起放進鍋裡煎（注意避免燒焦）。翻面，麵
包表面煎30秒。

③ **最後裝飾**
起鍋，把麵包放在盤子上面，再將配料、①的
表層飾材鋪在麵包上方，就大功告成了。

創意變化
搭配各式各樣的
配料、料理

佛卡夏的配料沒有任何侷限。就如同佛卡夏被稱為原型的披薩那樣，任何隨手可得的美味食材都可以搭配，便是佛卡夏精神。甚至還有提供當季食材給顧客任意搭配的店家。

只要有適合搭配料理的佛卡夏，就能夠享受料理×麵包的∞（無限大）相乘效果。即便是義大利麵等簡單料理，只要加上一片佛卡夏，就能讓餐桌變得更加豐盛。

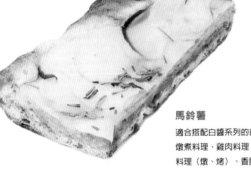

馬鈴薯
適合搭配白醬系列的義大利麵、湯品、燉煮料理、雞肉料理（燉、烤）、豬肉料理（燉、烤）、香腸等料理。

烤蔬菜
搭配肉類料理。適合搭配番茄肉醬義大利麵、牛肉料理（燉、烤）、豬肉料理（燉、烤）、香腸。

迷迭香
適合清淡的肉類或奶油系列。培根蛋麵、雞肉料理（燉、烤）、豬肉料理（燉、烤）、香腸、雞蛋料理、馬鈴薯料理也很適合。

橄欖
橄欖的鹽分較高，所以適合搭配橄欖油香蒜義大利麵、紅醬義大利麵、魚貝類義大利麵、魚類料理、普羅旺斯雜燴。

番茄
生的番茄特別適合搭配生火腿或莫扎瑞拉起司。包含乾番茄在內的番茄，適合搭配橄欖油香蒜義大利麵、魚貝類的義大利麵、魚類料理、雞蛋料理。

吃法 **①**

搭配義大利風味的食材

配酒 紅葡萄酒、啤酒、高球

速成羅馬式爐烤豬肉 & 烤蔬菜

把炸豬排用的肩胛肉切片，製作成義大利版的「羅馬式爐烤豬肉」，用來製作成三明治。

材料（2個）

速成羅馬式爐烤豬肉（4個佛卡夏的份量）

　豬排用肩胛肉 … 3片（300g）

　蒜頭 … 1瓣（5g）

　迷迭香（生）… 1支（7cm）

　白葡萄酒 … 1大匙

　蜂蜜 … 1小匙

　鹽巴 … 3g（肉的1%）

　小茴香（粉）… 1/2小匙

　橄欖油 … 2＋1/2大匙

　胡椒 … 適量

米茄子（厚度7～8mm）… 4片

洋蔥（厚度7～8mm）… 4片

紅椒、黃椒（1cm寬）… 各1/4個

橄欖油 … 1大匙

胡椒 … 少許

義大利香醋 … 1/2小匙

佛卡夏 … 2個

製作方法

❶ 製作速成羅馬式爐烤豬肉。用擀麵棍把豬肉的厚度擀成比5mm略厚一點，全面淋上白葡萄酒，至少在冰箱內放置10分鐘。

❷ 蒜頭、迷迭香（僅葉子）盡可能切成細末。

❸ 把蜂蜜、鹽巴放進小碗，充分拌勻。

❹ 把②的材料、小茴香、橄欖油1又1/2大匙、胡椒，加入③的小碗裡，充分拌勻。

❺ 把兩條棉繩排列在砧板上面，把①的豬肉片（各1片）和④的材料（各1/3份量）交互重疊在棉繩上面。從前面往後捲，然後用棉繩綁起來，至少在冰箱內放置30分鐘。

❻ 把⑤的肉捲放進用中火加熱剩餘橄欖油的平底鍋，將整體煎至焦黃色。

❼ 把⑥的肉捲、茄子、洋蔥、2種甜椒排列在調理盤上，將橄欖油、胡椒淋在蔬菜上面。

❽ 把⑦的調理盤放進加熱至160℃的烤箱，烤50分鐘。中途依序取出烤好的蔬菜，淋上義大利香醋。

❾ ⑧的肉冷卻後，切成厚度5mm。

❿ 麵包橫切，把⑧的烤蔬菜和⑨的肉放在麵包的剖面，再合併起來。

●使用的麵包：9～10cm的方形佛卡夏。

佛卡夏是加上義大利食材，就能變得更加美味的麵包。即便是三明治，就算是搭配料理上桌，仍然會十分出色。
這裡以義大利代表的料理作為靈感來源，跟大家分享烤箱料理、沙拉、湯。

香草拌番茄橄欖

誘出佛卡夏美味的組合。
鹽味強烈的佛卡夏，就算沒有添加鹽巴也沒關係。

材料（1個）

小番茄 … 6個
紅洋蔥（厚度5mm）… 3片
橄欖（黑、無籽）… 5顆
刺山柑 … 7顆
羅勒（生、葉）… 3片
薄荷（生、葉）… 5片
橄欖油 … 1大匙
鹽巴 … 少許
佛卡夏 … 1個

製作方法

❶ 番茄和橄欖切成4等分，刺山柑切成對半。洋蔥切成細末，羅勒切碎。薄荷用手撕碎。
❷ 把①的材料、橄欖油放進小碗，充分拌勻。
❸ 試一下②的材料和麵包的味道後，用鹽巴調味。
❹ 麵包橫切，把③的材料鋪在下層麵包的上面，再用上層麵包夾起來。

＊因為配料會掉出來，所以吃的時候也可以用烘焙用蠟紙捲起來。

配酒 氣泡酒、白葡萄酒

蔬菜蒜泥湯

源自南法，像是把香蒜醬放進義大利雜菜湯裡面的湯品。
使用直火烘烤的番茄或大豆，增加了些微變化。

材料（3～4人份）

義大利培根 … 80g
洋蔥 … 1/2顆（125g）
馬鈴薯（中）… 1個（125g）
胡蘿蔔（小）… 1條（100g）
櫛瓜 … 1條（200g）
菜豆 … 50g
番茄（小）… 2個（200g）
大豆（水煮）… 120g
橄欖油 … 2大匙
水 … 500ml
鹽巴 … 少許
香蒜醬（容易製作的份量）
　羅勒（生、葉）… 30g
　蒜頭 … 1/2瓣（2.5g）
　腰果（烘烤、無鹽）… 50g
　鹽巴 … 1/4小匙
　橄欖油 … 100ml

製作方法

❶ 製作香蒜醬（參考p.152）。
❷ 義大利培根切成薄板切。
❸ 洋蔥、馬鈴薯、胡蘿蔔、櫛瓜，視情況需要，去皮，切成1cm丁塊狀。
❹ 菜豆斜切成長度1cm。
❺ 番茄用直火燒烤後，剝掉薄皮（參考p.142），切成滾刀塊。
❻ 把②的培根、③的洋蔥放進用中火加熱橄欖油的鍋裡，持續翻炒直到培根上色。
❼ 把③的胡蘿蔔、櫛瓜放進❻的鍋裡面，稍微翻炒。
❽ 把❺的番茄、水放進❼的鍋裡，蓋上鍋蓋，改用大火。沸騰後，改用小火，熬煮10分鐘。
❾ 把大豆、③的馬鈴薯放進❽的鍋裡，蓋上鍋蓋，進一步熬煮10分鐘。中途，經過5分鐘後，加入❹的菜豆。試味道，用鹽巴調味。
❿ 起鍋裝盤，把❿的香蒜醬鋪在上面。

配酒 葡萄酒（白、粉紅、紅／輕盈）

妄想特派員報導 ⑥

傳授在沒有拖鞋麵包、佛卡夏的情況下，製作正統帕尼尼的方法！

Buon giorno！（你好）我是義大利特派員龐庫塔·奇諾蒙裘摩！那麼，馬上來介紹正統帕尼尼的製作方法吧！首先，準備拖鞋麵包！……咦？住家附近沒有賣那種麵包？那你的國家賣的是什麼樣的麵包？吐司、長棍麵包、可頌？OH～Mamma Mia！（喔～我的媽呀！）怎麼不是法國麵包，就是英國麵包？為什麼沒有義大利的麵包（怒）……對了！我有個好方法！既然如此，那就用眼前的這3種麵包製作帕尼尼不就得了！

首先，讓長棍麵包變身成拖鞋麵包吧！把長棍麵包橫切。放在砧板上，利用自己的體重把麵包壓扁。什麼？糟蹋食物會被老天爺懲罰？不是啦！這麼做是為了讓長棍麵包變得跟拖鞋麵包一樣，壓扁之後，麵包皮就能變得酥脆、美味喔！

然後，準備煎盤！因為煎盤能夠煎出條紋狀的紋路。咦？連煎盤都沒有？沒關係，一般的平底鍋也可以！把正反兩面都煎成焦黃色吧！

一切準備就緒。在剖面淋上大量的橄欖油，然後試著夾上起司＋肉＋蔬菜。起司推薦我的國家的莫扎瑞拉起司。因為住家附近的超市就可以輕易買到，而且很快就能融化。肉類建議採用義大利臘腸、生火腿或是義式肉腸（參考p.135）。蔬菜則是芝麻菜、羅勒或番茄。至於其他配料，可以參考這本書裡面p.78～79的佛卡夏吃法。吐司的做法也一樣。把2片8片切的吐司壓扁，再用煎盤（平底鍋）煎成焦黃色。吐司壓扁之後，緊密度就會增加，口感很接近佛卡夏喔！

可頌的烤法、切法就參考p.40。咦？「如果使用可頌，就會變成法式三明治」？NO！NO！不可以叫他Croissant（法文）！在義大利，我們稱它為「Cornetto（義大利文）」喔！可頌夾上起司、煎蛋、生火腿之後，就能變身成最棒的帕尼尼囉！

利用容易取得的麵包，製作帕尼尼吧！

試著用可頌、吐司、長棍麵包3種麵包製作帕尼尼。在義大利，所謂的帕尼尼通常都是直到上桌的前一刻才進行煎烤、壓製。因為溫熱的時候，麵包皮會十分酥脆，吃起來齒頰留香。我們義大利人從羅馬時代開始吃麵包到現在，在長年累月的經驗累積之下，實力可不是隨便吹噓的喔！如果可以，請試試看！那麼，Ciao！Ciao！（再見）

事前準備的重點 →

橫切後的長棍麵包，壓扁之後的樣子。放在砧板上，用手壓扁，或用撖麵棍撖壓。

用煎盤煎好後的樣子。若使用平底鍋，就先加入奶油或橄欖油，等油變熱後，再把麵包放進鍋子裡煎。

（左）義大利版可頌，通常是搭配奶油等甜食。
（右）陳列各種佛卡夏的米蘭麵包店。

菠菜、甜椒的可頌帕尼尼

❶ 可頌斜切（參考p.40），放進烤箱加熱（參考
p.40）。
❷ 在內側淋上橄欖油，鋪上切片的義大利綿羊起司
（羊奶起司）。
❸ 夾上蒜炒菠菜（參考p.148），撒上帕馬森乾酪。
❹ 夾上醃泡甜椒（參考p.144）。

義式肉腸和羅勒的佛卡夏風帕尼尼

❶ 把2片吐司（8片切）壓扁，用煎盤（平底鍋）煎
烤上色。
❷ 在兩邊的剖面淋上橄欖油，鋪上莫扎瑞拉起司。
❸ 夾上義式肉腸（參考p.135）、羅勒葉、切成對半
的小番茄。

生火腿和芝麻菜的拖鞋麵包風帕尼尼

❶ 把橫切的長棍麵包壓扁，用煎盤（平底鍋）煎
烤上色。
❷ 在兩邊的剖面淋上橄欖油，鋪上莫扎瑞拉起
司。
❸ 依序夾上生火腿、芝麻菜。

英式瑪芬

【一切就交給火腿、荷包蛋、番茄等圓形的配料】

發源、語源

在19世紀的英國，貴族的傭人用剩餘的麵團製作而成。

材料

小麥粉（高筋麵粉）、水、（牛乳、奶油）、砂糖、碎玉米（粗輾的玉米粉）或是粗粒小麥粉（硬質小麥粉）、鹽巴、麵包酵母

19世紀的英國，在下午茶時間吃的瑪芬。流傳到美國之後，發展成用泡打粉製作的速食麵包（就是我們當成甜點吃的瑪芬）。用酵母發酵的類型被稱為「英式瑪芬」，進而普及成美國的早餐。其中，鋪上水煮蛋的火腿蛋鬆餅（參考p.86）是紐約的經典午餐。

在日本說到英式瑪芬，就會讓人聯想到Pasco。自1969年開始銷售以來，便開創出讓英式瑪芬廣為人知的偉大功績。

一般來說，這種麵包的烤色偏白。因為吃的時候，再稍微烤一下會比較美味，所以才沒有烤至焦黃程度。而且，因為是入模燒烤，所以會有Q彈口感。烤的時候，可以依照個人喜好調整烤的程度，例如讓水分揮發，讓整體覆蓋上酥脆感，也可以考慮保留一下Q彈口感。

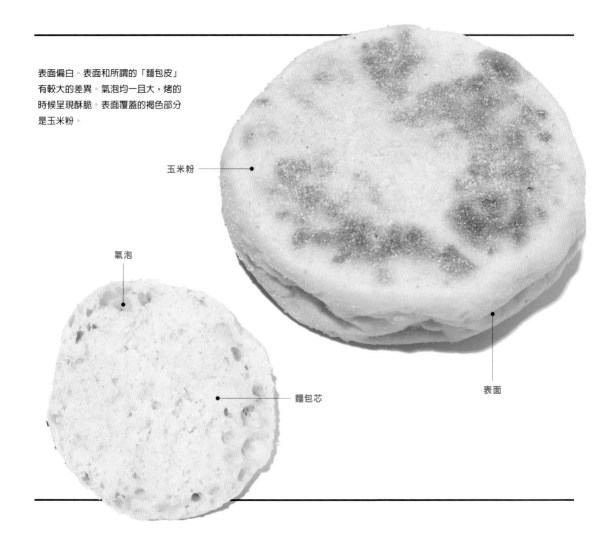

表面偏白。表面和所謂的「麵包皮」有較大的差異。氣泡均一且大，烤的時候呈現酥脆。表面覆蓋的褐色部分是玉米粉。

玉米粉

氣泡

麵包芯

表面

製法的特色
可用模型烤成圓形，
也可以不用模型

英式瑪芬是圓形的。通常是把麵團放在被稱為「圓形圈模（參考p.89）」的模型裡面，把麵包烤成圓柱形。厚度各不相同。市面上最常吃到的Pasco的英式瑪芬，厚度則是偏薄。糕點店則有販售厚度較厚的種類，口感較為Q彈。撒滿兩面的是玉米粉。正因為如此，烤的時候才會那麼香。麵包的特徵是水分較多。這便是獨特Q彈口感和入口即化的原因所在。

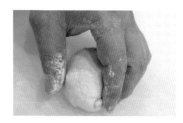
搓成圓形
把分割成1個份量的麵團搓圓。照片中是加了玉米粒的類型。

撒滿玉米粉
在搓成圓形的麵團上面撒滿玉米粉。份量要多一點。

蓋上烤盤
最終發酵後的麵團。上面蓋上烤盤，讓上方呈現平坦。

出爐
出爐後的麵團。因為沒有使用圓形圈模，所以形狀不一致。

切法
粗略切開，
做出獨特口感

上下分割成對半。這個時候，不要使用菜刀，直接用叉子進行分割。如此一來，剖面就會產生大量的凹凸，烤的時候就能增加酥脆感。

① 用叉子製作出切割線
把叉子插進側面，重複拔出插入的動作，環繞側面一周，在側面製作出連續的穿孔。

② 用手從邊緣撕開
用雙手慢慢撕開麵包，就能夠減少分割失敗的機率。

烤法

讓白色、褐色、焦黃色混在一起

不光是夾上配料，還有製作成烤奶油的烤法。進一步強調酥脆感。從五分熟～全熟（參考p.57），建議確實烘烤。

① **用預熱2分鐘的烤箱烤1分鐘30秒**
要仔細留意，觀察個人偏愛的烤色。

② **取出，抹上大量的奶油**
粗略地塗抹，焦黃和沒有焦黃的部分就會呈現出漸層。

③ **再次放進烤箱，約放置30秒**
烤箱還有熱度，所以奶油會融化。

④ **完成**
白色部分和焦黃部分混合在一起，就是美味的關鍵。

吃法 ❶

鋪上圓形或方形的食材

大家是否發現，很多三明治的經典配料都很符合英式瑪芬的尺寸（直徑約9cm）呢？如果希望增加點綠色，就加點菜葉蔬菜（參考p.141）、芽菜（參考p.142）、奶油菠菜（參考p.148）等蔬菜吧！

荷包蛋
也可以用p.132的調味油製作荷包蛋。也可以利用青椒或洋蔥切開後的形狀（直徑9cm以下）製作荷包蛋。

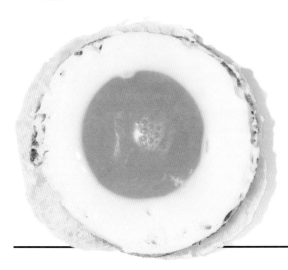

火腿
其中，里肌火腿是幾乎恰到好處的大小。可以用少量的植物油煎烤，或是抹上奶油或調味油（參考p.156）之後，再鋪上火腿，然後再放進烤箱一起烘烤。

起司

一般切片起司的尺寸是方形8.5cm。鋪上1片,用
烤箱烤至起司融化,再撒上個人偏愛的香辛料(綜
合胡椒、孜然、肉豆蔻粉等)。

培根

一般香煎的培根很美味,不過,也十分推薦沾上楓
糖或蜂蜜,味道鹹甜的培根(參考p.135)。

番茄

大一點的番茄,尺寸就會剛剛好。番茄用平底鍋煎
過,釋出甜味後,就非常適合英式瑪芬。

洋蔥

在烤得酥脆的英式瑪芬上面抹上奶油,再鋪上香煎
的洋蔥(參考p.144)。也可以撒上乾香草,或是
鋪上荷包蛋或起司。

吃法 ❷

享受經典和創意變化

火腿蛋

使用英式瑪芬，最具代表性的一盤。
溫泉蛋採用微波爐的製作方法。培根也可以換成煙燻鮭魚。

材料（1個）

培根 … 1片
溫泉蛋（參考p.132）… 1顆
菜葉蔬菜
　（依個人喜好／參考p.141）… 1片
荷蘭醬
　　蛋黃 … 1小匙
　　融化奶油 … 20g
　　檸檬汁 … 少於1/2小匙
胡椒 … 少許
奶油（恢復至室溫）… 5g
英式瑪芬 … 1個

＊荷蘭醬有添加奶油，冬天的時候容易凝結成塊，所以製作完成後，要馬上淋上。

製作方法

❶ 製作溫泉蛋（參考p.132）。
❷ 培根切成對半，用微波爐加熱至酥脆程度（參考p.135）。
❸ 製作荷蘭醬。把蛋黃、檸檬汁放進小碗，用小的打蛋器充分攪拌（也可以用大的打蛋器）。
❹ ③的碗底隔水加熱，持續攪拌至稠狀。
❺ ④停止隔水加熱，分次加入融化奶油，每次加入都要充分拌勻，再加入下一次的奶油。
❻ 麵包橫切，剖面朝上，用烤箱烤至邊緣酥脆的程度。
❼ 在⑥的兩邊剖面抹上奶油，依序把②的培根、①的溫泉蛋鋪在下層麵包上面，淋上⑤的荷蘭醬和胡椒，再用上層麵包夾上。隨附上菜葉蔬菜。

熔岩英式瑪芬

使用英式瑪芬的英國傳統吃法。
在烤起司上面淋上辣醬油，符合英國人風格的食譜。

材料（2片）

培根 … 1片
英式雞蛋沙拉
　　全熟水煮蛋（參考p.132）… 2顆
　　美乃滋 … 30g
　　法國第戎芥末醬 … 1/4小匙
　　辣醬油（英國製尤佳）… 1/8小匙
　　香蒜（香蒜粉尤佳）… 1撮
　　胡椒 … 少許
切達起司（乳酪絲尤佳）… 20g
西洋菜（參考p.141）… 適量
奶油（恢復至室溫）… 5g
英式瑪芬 … 1個

製作方法

❶ 製作英式雞蛋沙拉。準備全熟水煮蛋（參考p.132），冷卻後，切成略粗的碎粒。
❷ 把剩餘的材料放進小碗，充分拌勻。
❸ 把①的雞蛋放進②的小碗裡面，充分拌勻。
❹ 培根切成1cm方形，用微波爐加熱至酥脆程度（參考p.135）。
❺ 麵包橫切，在兩邊的剖面抹上奶油。
❻ 把③分成2等分，鋪在⑤的麵包上面，抹開，使厚度平均。
❼ 把分成2等分的起司，鋪在⑥的材料上面，用烤箱烤至起司融化，呈現焦黃色。
❽ 把④的培根撒在⑦的材料上，隨附上西洋菜。

介紹存在於世界各地，使用英式瑪芬的經典食譜。火腿蛋是紐約，熔岩是英國。
胡蘿蔔鷹嘴豆泥的靈感來自西海岸。英式瑪芬的披薩食譜在國外也十分流行。

配酒 啤酒、白葡萄酒

胡蘿蔔鷹嘴豆泥 & 義大利培根

以麵包沾醬而聞名的鷹嘴豆泥「Hummus」。
胡蘿蔔鷹嘴豆泥的顏色也十分鮮艷，演繹出時尚的一盤。

材料（1個）

義大利培根 … 1片（10g）
胡蘿蔔鷹嘴豆泥（容易製作的份量）
　胡蘿蔔 … 70g
　鷹嘴豆（水煮）… 120g
　蒜頭 … 1/2瓣（2.5g）
　檸檬汁 … 1大匙＋1/2小匙
　橄欖油 … 1+1/2大匙
　芝麻醬（白）… 2大匙
　鹽巴 … 1/4小匙
芽菜（西洋黃芥末或獨行菜等，
個人喜愛的種類／參考p.142）… 適量
檸檬汁 … 適量
孜然（粉）… 少許
奶油（恢復至室溫）… 5g
英式瑪芬 … 1個

製作方法

❶ 製作胡蘿蔔鷹嘴豆泥（參考p.149）。
❷ 義大利培根切成對半，用微波爐加熱至酥脆
程度（參考p.135）。
❸ 麵包橫切，剖面朝上，用烤箱烤至邊緣酥脆
的程度。
❹ 在❸的兩邊剖面抹上奶油，把❶的胡蘿蔔鷹
嘴豆泥均勻塗抹在下層麵包上面，撒上孜然。
❺ 依序把❷的培根、芽菜鋪在❹的材料上面，
淋上檸檬汁，用上層麵包夾起來。

配酒 啤酒、白葡萄酒

英式瑪芬披薩2種

英式瑪芬的圓形也非常適合當成迷你披薩的基底。
介紹2種不使用的番茄醬。

材料（2片）

披薩A
　莫扎瑞拉起司 … 1/4個（25g）
　自製半乾番茄（參考p.143）… 6個
　香蒜醬（參考p.152）
　… 1大匙＋1小匙
　橄欖油 … 少許
披薩B
　奶油起司 … 20g
　乳酪絲 … 10g
　蘑菇 … 1.5朵
　紅洋蔥（厚度3mm）… 3片
　羅勒（生、葉）… 1片
　橄欖油 … 少許
　胡椒 … 少許
英式瑪芬 … 1個

製作方法

❶ 麵包橫切。
❷ 把香蒜醬抹在（披薩A）❶其中一片麵包的
剖面，排列上薄切的莫扎瑞拉起司。
❸ 把奶油起司抹在（披薩B）❶其中一片麵包
的剖面，鋪上厚度切成5mm的蘑菇、洋蔥，再
撒上起司。
❹ 把❷、❸的麵包放進烤箱，烤至起司融化，
呈現焦黃色。
❺ 把半乾番茄鋪在披薩A上面，淋上橄欖油。
❻ 把橄欖油淋在披薩B上面，撒上胡椒，裝飾上
羅勒。

＊吃的時候，用手把披薩B的羅勒撕碎，撒上披
薩上面。

妄想特派員報導 ⑦

嚴格掌控！
令人上癮的酥脆＆Q彈口感
用酵母製作的鬆餅、英式烤餅

哈囉！大家！我是英國特派員詹姆斯・桑威奇。從我的名字應該就知道了吧？沒錯，我就是發明三明治的三明治（桑威奇）伯爵的後裔。注意，不是三明治，而是桑・威・奇喔！

聽到我國的吐司，以「英式吐司」之名流傳於日本市面，讓我覺得非常地與有榮焉。聽說日本的超級市場也可以買到英式瑪芬。而且，甚至就連英式烤餅或綜合烤餅也都有賣，貴國如此豐富的飲食文化，著實令我驚艷（汗）。因為貴國的《麵包使用說明書》已經詳細介紹過吐司、英式瑪芬，所以我就來介紹一下英式烤餅吧！當然，另一個原因是，本人也非常喜歡這種麵包。

英式烤餅是使用煎盤（鐵板）製作而成，就這點來說，英式烤餅可說是英式瑪芬的同類。英式烤餅的誕生眾說紛紜，不過，據說剛開始的外觀是像可麗餅那樣的薄餅。可麗餅源自於隔壁的法國的布列塔尼地區，就地理位置而言，英國本土和布列塔尼地區十分接近，所以法語就把英國本土稱為「大布列塔尼」。據說早期的英式烤餅是使用蕎麥粉製成，所以可麗餅、烘餅和烤餅的根源或許是一致的。之後，烤餅不是變成添加酵母，尺寸如茶盤大小的薄鬆餅，就是進一步在麵團裡添加小蘇打粉，到了20世紀初，就變成使用圈模煎烤而成的厚厚烤餅了。然後，就一直到現在。這就是我個人的見解。

英式烤餅和英式瑪芬的最大差異，就在於覆蓋在表面的細小孔洞和Q彈口感。這些孔似乎是合併使用麵包酵母（酵母菌）和泡打粉（或小蘇打粉）所造成的。只要把鬆餅那樣的麵糊倒進圓形圈模煎烤，表面就會咕嘟咕嘟地產生氣泡，那些氣泡就會形成孔洞，殘留在表面。這種孔洞是牢牢抓住融化奶油或糖漿的魔法孔洞。再配上烤餅的Q彈口感，真的十分美味。啊啊，我都快流口水了。

首先，就先從使用預拌粉製作的英式烤餅開始吧！

Let's try！

倫敦街頭正在慢慢減少的普通麵包店。上層擺放著吐司、長條蛋糕等主食用的麵包。

英式烤餅。英國人經常在超級市場購買這種知名品牌製造的烤餅（一包6個）。

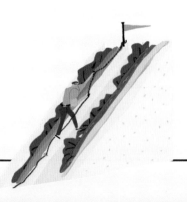

用預拌粉
挑戰烤餅製作！

「麵粉大叔的麵粉超美味！」
使用烤餅預拌粉

① 把加熱至40℃的牛乳300ml和預拌粉混合在一起，用打蛋器攪拌，讓內部充滿空氣。

② 用微波爐加熱或靜置一段時間，直到表面產生小氣泡。

③ 把奶油抹在加熱的鐵板或平底鍋上面，倒進麵糊。如果有圓形圈模，那就更好了。

④ 表面會出現無數個孔洞，感覺麵糊變乾之後，拿掉圓形圈模。

⑤ 圓形圈模拿掉後，馬上翻面，有孔洞的那一面也要煎烤上色。

烤餅烤好之後……要趁熱吃。在我的國家，固定都是搭配奶油和金黃糖漿。所謂的金黃糖漿是製糖過程中的副產物，雖然剔除掉白砂糖的成分，不過，甜味仍然殘留著。外觀看起來很像蜂蜜，味道則和玳瑁糖類似。

配料列出的順序，就是配料鋪放的順序。如果沒有抹奶油，就先薄塗上一層奶油後再鋪上食材

正統
奶油＋金黃糖漿

甜味代表
奶油＋精白砂糖＋檸檬汁

鹹味代表
溫泉蛋（參考p.132）＋酥脆培根（參考p.135）
＋芽菜（參考p.142）

其他推薦的組合　　　杏仁奶油（參考p.151）＋果醬
奶油＋楓糖漿＋碎核桃
栗子奶油＋薄削的康堤乳酪
奶油＋楓糖漬蘋果（參考p.150）
明太子酸奶油（參考p.139）＋煙燻鮭魚

裸麥麵包

【濕潤、可長時間保存、營養滿分】

発源、語源

裸麥原本是混在小麥裡面的雜草。
羅馬帝國時代的2世紀，人們開始把裸麥當成主食栽培。

材料

裸麥、水、（小麥粉）、裸麥酵頭、鹽巴

德國、澳大利亞、瑞典、北歐、東歐、俄羅斯等寒冷地區
都有裸麥麵包。因為裸麥耐寒，被種植在小麥不容易栽培
的地區。
裸麥的特徵是，麵團比較黏稠，不容易產生有助於麵團膨
脹的麩質。而幫助解決膨脹問題的是裸麥酵頭（酸酵
頭）。裸麥麵包之所以「酸酸的」，就是來自於酸酵頭的
酸性。裸麥酵頭裡面的乳酸菌或醋酸菌所產生的酸會阻礙
酵素的作用，讓麵團不會那麼黏稠。
裸麥麵包的內部出乎意料地濕潤。因為裸麥具有保持水分
的特色。因此，裸麥麵包的水分不容易流失。可長時間保
存也是裸麥麵包的優點。只要保存在陰涼處，防止發霉，
就可以吃上一整個星期（夏季則要放冰箱保存）。和白色
的小麥粉相比，裸麥富含食物纖維，不容易導致血糖攀
升，這也是裸麥麵包的優點之一。同時，裸麥麵包也含有
大量的礦物質、維他命B群和鐵質。或許也是因為如此，
所以適合搭配富含鐵質的肝臟、青魚。

麵包皮

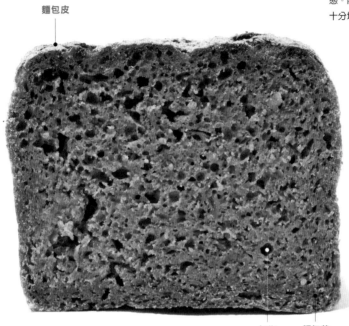

幾乎沒什麼氣泡，僅有些微連接的狀態。內層格外地濕潤。外皮酥脆，卻十分地薄。

氣泡　麵包芯

製法的特色

裸麥酵頭製作出的滿滿酸味

裸麥麵包很少會採用麵包酵母（酵母菌），大多都是使用裸麥酵頭。酸酵頭是利用穀物所發酵而成的發酵種。利用裸麥發酵出的酸酵頭則稱之為「裸麥酵頭」。發酵方法幾乎和利用小麥發酵的魯邦酵種（參考p.27）相同。裸麥酵頭是酵母、乳酸菌和醋酸菌棲息的微生物之家。如果醋酸菌較多，酸味就比較刺鼻，乳酸菌較多的話，酸味則比較溫和。如果發酵順利的話，會產生一股果香味。

另外，除了裸麥酵頭之外，浸泡在水裡的壓麥、殘餘的裸麥麵包、湯種（參考p.123）、優格，也都可以拿來作為酵種。

用來製作裸麥麵包的酵種

右上是裸麥酵頭。Aroma Stuck（中央）、Rest Bread（左上）是分別將壓麥、剩餘的裸麥麵包放進水裡浸泡，靜置數小時～1天。

原料的裸麥粉

和小麥粉的白色相比，顏色略偏灰色。裸麥粉較多的時候，就連同外皮一起磨碎，作成全麥粉。

德國才有的搓圓

在作業台上輕推麵團，反覆讓麵團旋轉90度，將麵團搓圓。排出空氣的同時，接觸作業台的那一面會變得平滑。

放進發酵籃

把搓圓的麵團放進發酵籃裡面，銜接處朝上，平滑面朝下。烘烤的時候，會把發酵籃翻過來，將麵團取出，所以發酵籃的紋路就會印在麵團上面。

創意變化 ❶

裸麥麵包的特徵就在於配方比例

「●厚度」是美味厚度的標準。

輕盈

裸麥 **30**%

小麥裸麥混合麵包（Weizenmischbrot）

可以充分感受到嚼勁與穀物的濃郁。法
國麵包店大多都是混入乾果或堅果，以
黑麥麵包（或裸麥）進行販售。

●厚度：1～1.2cm

適中

裸麥 **50**%

混合麵包（Mischbrot）

小麥和裸麥兼具的類型。有氣泡，
略帶點柔軟感，同時也能確實品嚐
到裸麥的風味。

●厚度：低於1cm

厚重

裸麥 **80**%

裸麥混合麵包（Roggenmischbrot）

裸麥風味濃厚。像是鄉村麵包
（Landbrot）等也是這種類型。麵
包的風味完全不輸給味道濃郁的肉類
料理，酸酵頭的酸味能夠中和味道。
用壓切的方式會比較好切。

●厚度：低於1cm

不管是在德國或法國，裸麥麵包的名稱都是依照裸麥的比例下去決定的（參考下列）。裸麥的量越多，味道會越濃厚，口感也會變得更加厚重。形狀有橢圓形、圓形，還有放進模型裡烘烤的方形。

裸麥麵包往往給人不容易入口的形象，但其實只要切成薄片，就會出乎意料地容易入口。裸麥比例越多，就切薄一點吧！另外，如果裸麥比例超過70%，薄切的時候，不要採用把刀往前後挪動的滑切，直接從上方往下壓切，反而更能正確薄切。鋸齒狀的麵包刀比較適合。

裸麥麵包可以品嚐到濕潤的口感。基本上是不需要烤，不過，如果經過3～4天，劣化狀態變得明顯的話，只要稍微加熱一下，就能恢復成原本的風味。

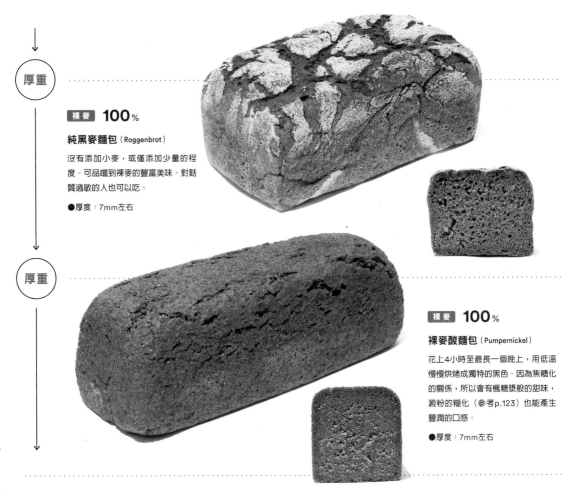

厚重

裸麥 **100**%

純黑麥麵包（Roggenbrot）

沒有添加小麥，或僅添加少量的程度。可品嚐到裸麥的豐富美味。對麩質過敏的人也可以吃。

●厚度：7mm左右

厚重

裸麥 **100**%

裸麥酸麵包（Pumpernickel）

花上4小時至最長一個晚上，用低溫慢慢烘烤成獨特的黑色。因為焦糖化的關係，所以會有楓糖漿般的甜味，澱粉的糊化（參考p.123）也能產生豐潤的口感。

●厚度：7mm左右

德國裸麥麵包的名稱

裸麥90%以上	**純黑麥麵包**（Roggenbrot）
裸麥51～89%	**裸麥混合麵包**（Roggenmischbrot）
裸麥50%	**混合麵包**（Mischbrot）
裸麥49～11%	**小麥裸麥混合麵包**（Weizenmischbrot）
裸麥10%以下	**小麥麵包**（Weizenbrot）

法國裸麥麵包的名稱

裸麥65%以上	**黑麥麵包**（Pain de seigle）
裸麥50%	**雜糧麵包**（Pain de Méteil）
裸麥10～64%	**裸麥麵包**（Pain au seigle） （意思是「裸麥風味的麵包」）

創意變化 ❷
裸麥非常適合搭配種籽

可以吃到裸麥麵包的是北方的寒冷地區。在採收不到農作物的漫長冬天期間，裸麥麵包都是搭配穀物或蔬菜種籽等保存性較高的食材一起食用。而且，相同的穀物風味和香氣，也和裸麥麵包相當契合。當然，肝醬（參考p.138）、醋漬魚料理、香腸（參考p.134）、德國酸菜（參考p.145）等德國料理也非常適合。

壓麥
簡單來說，壓麥是由大麥軋製而成。麵包的特色就是穀物般風味和口感。雖說適合搭配各種食材，不過，請務必試著搭配雞蛋料理看看。

葵花籽
葵花籽屬於堅果的一種，可以讓麵包增加松果般的濃郁。適合酸味的料理、沙拉等料理。

藏茴香
有著清涼感的特殊香料。先抹上奶油起司或奶油，試一下味道。也很適合搭配肉類或魚類。

罌粟籽
紅豆麵包上面的罌粟籽帶有顆粒感和香氣。也很適合肉類料理。

藍罌粟籽
藍色的罌粟籽。東邊包含德國在內的國家，經常在麵包或甜點中使用罌粟籽。適合煙燻鮭魚或是醋漬魚等魚類料理。

吃法 ❶

一定要抹奶油
或奶油起司

德國人吃裸麥麵包一定會薄切，然後再抹上奶油、奶油起司或酸奶油（如果直接吃，即便是德國人，應該也會認為裸麥麵包很難入口！）不管是抹果醬、醬料或是搭配鮭魚或沙丁魚，最好還是搭配上述的奶香要素。因為那個關鍵的奶香要素，能夠把各式各樣的配件和裸麥麵包串聯起來。

適合輕盈麵包的表層飾材（裸麥30％）

輕盈的基本
厚度切片成1.2～1.5cm，抹上奶油起司。

把切碎的餡料和酸奶油拌在一起，鋪在上方。也可把酒粕混進酸奶油裡面。

撒上黑砂糖。也可以淋上黑蜜。

鋪上卡芒貝爾乳酪。也可以進一步放進烤箱烤，或是鋪上刺山柑。

適合厚重麵包的表層飾材（裸麥80％）

厚重的基本
厚度切片成7～8mm，抹上奶油。也推薦抹上無鹽奶油，再撒上鹽巴。

用酸奶油混拌酢鯖、洋蔥細末、蒔蘿（生、葉尤佳），鋪在麵包上面。

薄塗上味噌（調合、米、麥等）。

進一步鋪上奶油起司、草莓果醬，再撒上碎堅果（榛果尤佳）。

吃法 ❷

北歐與德國的裸麥麵包食譜

配酒 氣泡酒、葡萄酒（白、粉紅）

裸麥80%

鮮蝦和雞蛋的開放式三明治

「鮮蝦和雞蛋」是開放式三明治當中，經典中的經典。
鋪上色彩鮮豔的配料，再用刀叉品嚐的方式是丹麥風格。

材料（2片）

小蝦（去殼）⋯ 6尾（40g）
全熟水煮蛋（參考p.132）⋯ 2個
蒔蘿（生）⋯ 2～3支＋少許
香草美乃滋
　酸奶油 ⋯ 1大匙＋1小匙
　茴香芹（生）⋯ 2支
　蝦夷蔥（或青蔥）
　　⋯ 4支（青蔥則是1～2支）
　美乃滋 ⋯ 2大匙＋2小匙
　胡椒（白、粉末）⋯ 少許
奶油（恢復至室溫）⋯ 10g
裸麥麵包（裸麥80%）⋯ 2片

製作方法

❶ 製作全熟水煮蛋（參考p.132）。
❷ 蝦子去除沙腸，切成2～3等分。用放了2～3
支蒔蘿的熱水快速煮熟，用濾網撈起來，用廚房
紙巾擦乾水分。
❸ 製作香草美乃滋。茴香芹（僅葉子）、蝦夷
蔥切碎。
❹ 把美乃滋、酸奶油放進小碗，充分拌勻。
❺ 把❸切碎的材料、胡椒，放進❹的小碗，稍
微混拌。
❻ 把❶冷卻的水煮蛋切成厚度5mm，僅使用有
蛋黃附著的部份（8片）。
❼ 把奶油抹在麵包上面，把❻的雞蛋、❷的蝦
子鋪在上面，再鋪上❺的香草美乃滋，裝飾上
蒔蘿。

配酒 黑啤酒、高球

裸麥80%

鯖魚罐頭和甜菜根奶油起司的開放式三明治

把甜菜根混進奶油起司裡面，調製出鮮豔的粉紅色。
水煮的鯖魚罐頭只要搗碎就可以。醃芹菜的擺放稍微增添點設計感。

材料（2片）

鯖魚罐頭（水煮）⋯ 60g
甜菜根奶油起司
　奶油起司 ⋯ 40g
　酸奶油 ⋯ 10g
　甜菜根（罐頭或水煮）⋯ 30g
自製醃菜（芹菜／參考p.148）
　⋯ 4支（10g）
胡椒 ⋯ 少許
奶油（恢復至室溫）⋯ 10g
裸麥麵包（裸麥80%）⋯ 2片

製作方法

❶ 製作甜菜根奶油起司。把所有材料放進食物
調理機，攪拌成膏狀。
❷ 鯖魚搗散，醃菜切成細長的條狀。
❸ 麵包依序抹上奶油、❶的甜菜根奶油起司。
❹ 把❷的鯖魚鋪在❸的上面，裝飾上醃菜，撒
上胡椒。

●使用的麵包：裸麥80%（寬8cm×高10cm的磅蛋糕形／厚度低於1cm）／裸麥30%（長徑14cm的橢圓形／厚度1cm）。

以源自丹麥的開放式三明治「Smørrebrød」食譜為重點，使用適合裸麥麵包的親民食材。這邊使用的裸麥比例是30%、80%，不過，也可以更換成其他比例。比例30%的食譜，若採用比例80%的麵包，調味就要偏濃一些。

裸麥80%

蕪菁雷莫拉沙拉和煙燻鮭魚的開放式三明治

用蕪菁製作法國經典的「雷莫拉沙拉」。
只要加上煙燻鮭魚，清爽的口感就能讓裸麥麵包的味道更加鮮明。

材料（2片）

煙燻鮭魚 … 15g
蕪菁（中）… 1個（125g）
雷莫拉蛋黃醬
　鮮奶油 … 1/2大匙
　蒔蘿（生）… 1支
　檸檬汁 … 1小匙
　美乃滋 … 1大匙
　鹽巴 … 少於1/5小匙
　胡椒 … 少許
檸檬奶油
　奶油（恢復至室溫）… 10g
　檸檬皮（泥）… 少許
檸檬汁 … 少許
蒔蘿（生、葉）… 少許
胡椒 … 少許
裸麥麵包（裸麥80%）… 2片

製作方法

❶ 蕪菁削皮，用刨絲器刨成細絲。
❷ 製作雷莫拉蛋黃醬。蒔蘿葉子切成細末。
❸ 把美乃滋、鮮奶油、檸檬汁、鹽巴，放進小碗，充分拌勻。
❹ 把②的蒔蘿、胡椒，放進③的小碗裡面，稍微攪拌。
❺ 把①的蕪菁放進④的小碗，充分拌勻。
❻ 製作檸檬奶油。把奶油和檸檬皮放進小碗，充分拌勻。
❼ 把⑥的檸檬奶油抹在麵包上面，鋪上⑤的蕪菁雷莫拉沙拉，再鋪上用手撕開的煙燻鮭魚。
❽ 把檸檬汁淋在⑦的煙燻鮭魚上面，撒上用手撕碎的蒔蘿，撒上胡椒。

＊若是搭配輕盈的裸麥麵包，就把煙燻鮭魚換成生火腿，蒔蘿換成巴西里。

裸麥30%

德式煎馬鈴薯

德式煎馬鈴薯在德國稱為「Bratkartoffeln」。
是適合用來裝飾或當成輕食的一般家庭料理。

材料（2片）

培根（塊狀尤佳）… 100g
洋蔥 … 1/2個（125g）
馬鈴薯（大）… 1個（200g）
香辛油
　藏茴香（籽）… 1/4小匙
　西洋黃芥末（種籽尤佳）
　　… 1/4小匙
　胡椒（黑、顆粒）… 5顆
　橄欖油 … 1+1/2大匙
鹽巴 … 1/4小匙
胡椒 … 少許
巴西里（乾）… 少許

製作方法

❶ 培根切成1cm丁塊狀。洋蔥切成碎粒。
❷ 馬鈴薯削皮，切成骰子狀，放進用中火煮沸的熱水，約烹煮10分鐘，用濾網撈起。
❸ 製作香辛油。把藏茴香、西洋黃芥末、胡椒稍微搗碎，使香味釋出。
❹ 把橄欖油、③的香辛料放進平底鍋，用小火加熱，讓香料的香氣轉移到油裡面。
❺ 把①的培根放進④的平底鍋，用中火翻炒至上色。
❻ 把①的洋蔥放進⑤的平底鍋，持續翻炒至稍微上色。
❼ 把②的馬鈴薯和鹽巴放進⑥的平底鍋，一邊拌炒，一邊稍微壓碎馬鈴薯。
❽ 裝盤，撒上胡椒、巴西里。

吃法 ❸

德國與俄羅斯的裸麥麵包食譜

裸麥80%

正統羅宋湯

說到俄羅斯或舊東歐吃裸麥麵包的代表性料理就是「羅宋湯」。
聽說原本是使用名為薩洛（Salo）的鹽漬肥肉，這裡則改用義大利培根。

配酒　黑啤酒、紅葡萄酒

材料（4人份）

豬肋排 … 300g
義大利培根 … 80g
洋蔥 … 1/2個（125g）
胡蘿蔔 … 1條（150g）
甜菜根（罐頭或水煮）… 200g
馬鈴薯（大）… 1個（200g）
高麗菜 … 150g
蒜頭 … 2瓣（10g）
檸檬汁 … 1/2大匙
蒔蘿（生、葉、細末）… 1小匙
水 … 1L
月桂葉 … 1片
植物油 … 1大匙
番茄罐（塊狀尤佳）… 100g
鹽巴 … 1小匙
砂糖、胡椒 … 各少許
酸奶油 … 適量

製作方法

❶ 把水、豬肉、月桂葉放進鍋裡，蓋上鍋蓋，開大火加熱。

❷ ①沸騰後，撈除浮渣，再次蓋上鍋蓋，用小火燉煮1小時。

❸ 洋蔥切碎粒。胡蘿蔔削皮，和甜菜根一起，用刨絲器刨成細絲。馬鈴薯削皮，切成骰子狀，高麗菜切成絲。蒜頭切成滾刀切，義大利培根切成響板切。

❹ 把②鍋裡的湯和豬肉分開，如果湯不足1L，就再加水補足。豬肉切成一口大小，然後再將兩者全部放回鍋裡。

❺ ④蓋上鍋蓋，用大火加熱，煮沸後，加入③的馬鈴薯、高麗菜，用小火燉煮。

❻ 把油和③的義大利培根放進平底鍋，開中火加熱，翻炒至上色。

❼ 從⑥的鍋裡取出義大利培根，攤放在廚房紙巾上面。

❽ 再次用中火加熱⑥的平底鍋，把③的洋蔥放進鍋裡，翻炒至呈現透明。

❾ 把③的胡蘿蔔、甜菜根放進⑧的平底鍋面，稍微翻炒。

❿ 依序把⑨的材料、番茄、檸檬汁倒進⑤的鍋裡，每加入一種材料都要攪拌均勻，再加入下一種材料。

⓫ 把⑦的義大利培根和③的蒜頭，放進食物調理機裡面攪拌成膏狀。

⓬ 把⑪打成膏狀的義大利培根、鹽巴、砂糖、胡椒，倒進⑩的鍋裡，充分拌勻。試味道，用鹽巴（份量外）調味。

⓭ 把蒔蘿放進⑫的鍋裡面，在馬鈴薯快煮爛的時候關火。

⓮ 裝盤，在上面鋪上酸奶油。

●使用的麵包：裸麥80%（寬8cm×高10cm的磅蛋糕形／厚度低於1cm）／裸麥30%（長徑14cm的橢圓形／厚度1cm）。

德國，然後俄羅斯。把裸麥文化圈的經典料理，變化成容易製作、適合搭配麵包的口味。

寒冷地區才有搭配湯一起吃。另外，帶油脂的料理也非常適合裸麥。

裸麥30%

波隆那香腸沙拉

波隆那香腸沙拉是德國的經典小菜。

添加的配料因地區而異，加上起司就成了「瑞士風格」。

材料（4人份）

波隆那香腸 … 100g

煙燻乳酪 … 50g

酸黃瓜（或是沒有甜味的醃菜）

… 3條（25g）

紅洋蔥 … 1/4個（50g）

櫻桃蘿蔔 … 3個（50g）

沙拉醬

  平葉洋香菜（生） … 1支

  白葡萄酒醋 … 2小匙

  水 … 1大匙

  鹽巴 … 1/5小匙

  砂糖 … 1小匙

  植物油 … 2大匙

  胡椒 … 少許

平葉洋香菜（生、葉） … 1片

配酒　氣泡酒、葡萄酒（白、粉紅）

製作方法

❶ 洋蔥切成厚度3mm的薄片，放進冰水裡浸泡。櫻桃蘿蔔也切成厚度3mm的薄片。

❷ 香腸、起司、酸黃瓜切成5mm寬的條狀。

❸ 製作沙拉醬。平葉洋香菜（僅葉子）切碎。

❹ 把酒醋、水、鹽巴、砂糖放進碗裡，用小的打蛋器攪拌，讓鹽巴和砂糖融解。

❺ 把油倒進❹的碗裡，充分拌勻。加入胡椒、❸的平葉洋香菜，稍微混拌。

❻ 把用濾網撈起，用廚房紙巾擦乾水分的❶洋蔥、櫻桃蘿蔔、❷的材料，放進❺的碗裡面，充分拌勻。

❼ 裝盤，附上平葉洋香菜。

裸麥30%

自製德國酸菜香腸湯

把花時間增加鮮味和酸味的阿爾薩斯酸菜做成湯。

生高麗菜無法呈現出的豐富味道，也很適合裸麥麵包。

材料（4人份）

培根 … 50g

法蘭克福腸 … 4條

奶油 … 10g

胡蘿蔔 … 1條（150g）

蕪菁（中） … 1個（125g）

馬鈴薯（大） … 1個（200g）

芹菜（莖） … 1支（60～70g）

自製德國酸菜（容易製作的份量）

  高麗菜 … 1/2個（500g）

  鹽巴 … 10g（高麗菜的2%）

植物油 … 1大匙

水 … 750ml

鹽巴 … 1/4小匙

胡椒（黑、整顆） … 15顆

配酒　啤酒、白葡萄酒

製作方法

❶ 製作自製德國酸菜（參考p.145）。

❷ 培根切成1cm寬，香腸用叉子刺出幾個孔。

❸ 胡蘿蔔、蕪菁、馬鈴薯削皮，切成一口大小。芹菜去除老筋，斜切成厚度5mm的片狀。

❹ 把❷的培根、❸的芹菜，放進用中火熱油的鍋裡，拌炒。

❺ 把❸的胡蘿蔔、蕪菁放進❹的鍋裡，拌炒。

❻ 把水倒進❺的鍋裡，蓋上鍋蓋，開大火加熱。煮沸後，撈除浮渣，加入❸的馬鈴薯。再次蓋上鍋蓋，用小火燉煮10分鐘。

❼ 把❶200g的德國酸菜、❷的香腸、鹽巴、壓碎的胡椒，放進❻的鍋裡，中火燉煮10分鐘。

❽ 關火，加入奶油，稍微混拌。

妄想特派員報導 8

Pretzel（椒鹽卷餅）？
不對、不對，
應該是Brezel！
教你超級美味的吃法

大家好！我是班雅明堺。我是德國和日本混血的德國人，母親是關西人。所以，雖然我會說日文，但是，或許其中會參雜一些關西腔在裡面。還請大家多多見諒！

說到椒鹽卷餅，你是否認為椒鹽卷餅（Pretzel的唸法是錯的，那是英文。正確應該是Brezel）只能當成喝啤酒的小點心？其實，細長環狀的椒鹽卷餅，還是有很多不同的吃法喔！因為我自己也想要試試看，所以就試著用日本的食材挑戰了一番。

椒鹽卷餅是先浸泡在鹼水裡面，讓麵團產生香氣，再進行烘烤。簡單來說，外側的風味就像樂天的Toppo。然後，上面還會撒上岩鹽顆粒。總之，椒鹽卷餅的味道會因為搭配的食材不同，而產生各種不同的有趣味道。

剛出爐的椒鹽卷餅，只要夾上奶油，就能品嚐到簡單的原始美味。用烤箱烤脆後，夾上奶油，奶油會融化，真的好吃到令人無法抗拒。也可以把奶油換成起司。製作的方法就跟一般的起司吐司相同，大家

攝於德國麵包店的廚房。椒鹽卷餅浸泡在鹼水裡面的狀態。

應該也都會做吧！德國人很喜歡堅果。只要在起司上面撒上堅果，就會有那麼一點德式風味。只要是家裡有的堅果，什麼都可以……沒錯，黑芝麻之類的也可以。如此一來，香味就會更加濃郁。

德國人吃椒鹽卷餅的時候也會沾奶油起司。大家知道德國人會吃的新鮮起司「奶渣（Quark）」嗎？乍看似乎和奶油起司相同，事實上卻是完全不同。對了，只要把鮮奶油放進茅屋起司裡面攪拌至柔滑狀，就能用來取代奶渣（參考p.101）。157頁的酸奶油洋蔥就是用這種奶渣製作的。搭配這種酸奶油洋蔥沾著吃，鹹鹹的，非常好吃。

椒鹽卷餅也可以做成甜的口味。該怎麼說呢，這應該算是美國人的吃法吧！搭配肉桂糖怎麼樣？158頁的香料糖也很好吃喔！加了白豆蔻之後，味道就會跟北歐肉桂捲類似吧？然後是杏仁碎粒。就是把杏仁切碎，撒在抹了糖漿的椒鹽卷餅上面。這個口味也非常地香。

最後，「豆沙奶渣」怎麼樣？沒聽過豆沙奶渣？其實就是豆沙加奶渣。什麼？連德國人都沒聽過？當然！因為這是我想出來的食譜。因為德國人不喜歡豆沙。歐洲人吃不慣甜味的豆沙。可是，日本人很喜歡豆沙吧？雖說豆沙也可以搭配奶油起司，不過，這樣不會太乏味嗎？改用奶渣的話，口味就會變得比較清爽，所以就不會妨礙到豆沙的美味。試著做一下前面所提到的奶渣吧！

對了、對了！差點忘了，最後如果再撒點岩鹽，味道就會更加美味。尤其是豆沙奶渣。製作奶渣三明治的時候，改用無鹽奶油，再撒上岩鹽，也很不錯。酸奶油洋蔥也一樣，製作的時候不要放鹽巴，最後再撒上岩鹽，就會很好吃。

咦？搭配什麼酒？當然是啤酒囉！咦？前面不是已經說過，椒鹽卷餅就是搭配啤酒的點心嗎？說到這裡，突然好想喝啤酒喔！麵包全都可以搭配啤酒喔（笑）。

各式各樣的表層飾材

奶油三明治

從椒鹽卷餅最厚的地方斜切，鋪上厚度5mm的無鹽奶油片，再撒上岩鹽，夾起來。

豆沙奶渣（豆沙＋奶渣）

依序把自製奶渣（參考下述）、豆沙，塗抹在椒鹽卷餅上面，撒上岩鹽。照片中使用的是櫻花豆沙。也可以使用一般的紅豆沙。

起司＋黑芝麻

把乳酪絲和黑芝麻撒在椒鹽卷餅上面，用烤箱烤至起司融化為止。

杏仁碎

把糖漿（參考下述）塗抹在椒鹽卷餅上面，再撒上杏仁碎。

酸奶油洋蔥

把p.157酸奶油洋蔥食譜的酸奶油鋪在自製奶渣（參考下述）上面，不要加鹽。塗抹在加熱後的椒鹽卷餅上面，撒上岩鹽。

● 自製奶渣的製作方法
茅屋起司75g、鮮奶油25g放在一起持續攪拌1分鐘，直到呈現柔滑程度。

肉桂糖

把糖漿（參考下述）塗抹在椒鹽卷餅上面，依序撒上精白砂糖、肉桂（粉）。

● 糖漿的製作方法
把砂糖和同等份量的水（例如砂糖50g、水50ml）放進鍋裡，開中火加熱，用橡膠刮刀持續攪拌熬煮，直到呈現糖漿般的濃稠狀。

妄想特派員報導 ❾

喀嚓喀嚓的美味聲響
維京人也愛吃的脆皮麵包.
裸麥脆麵包

嘿!我是北歐代表,瑞典特派員安娜.特里塞森。大家都知道,我居住的斯堪地那維亞半島位在北方吧?相對於日本札幌的北緯43度,我的國家瑞典的首都斯德哥爾摩位在更北方的59度。由於小麥不容易生長,所以我們吃的麵包都是使用耐寒的裸麥所製成。裸麥和小麥類似,含有幾乎相同程度的蛋白質,但是,裸麥的蛋白質不會產生麩質。所以製作出的麵包都比較紮實(參考p.90)。說到使用裸麥的麵包,許多國家都可以吃到,不過,我覺得像蘇打餅那種薄脆的「裸麥脆麵包(Crispbread)」,才算是真正符合北歐風味的麵包。中世紀時,聽說畏懼歐洲人的維京人,也就是我們的祖先,他們會把裸麥脆麵包當成乾糧,儲藏在船艙內。丹麥、挪威、芬蘭、愛因斯坦也有裸麥脆麵包,不過,名稱則因國家而有不同。裸麥脆麵包的英文之所以寫成「Crispbread」,是因為我們國家把它稱為「knäckebröd」。咦?貴國也有裸麥脆麵包?真神奇!是因為IKEA(源自瑞典的家具購物中心)的關係嗎?「裸麥脆麵包」的語源是指「喀嚓」的聲響。而且,裸麥脆麵包吃的時候,的確會產生喀嚓喀嚓的美味聲響。傳統的裸麥脆麵包直徑大約有30公分,大小差不多和黑膠唱片一樣大,同時,正中央有個可以讓棒子穿過的孔。然後,表面有許多凹洞。聽說人們會透過中央的孔,用棒子把數十片裸麥脆麵包疊放起來,然後懸吊在天花板下面,藉此避免裸麥脆麵包被老鼠吃掉。據說可以保存半年之久。真的很厲害,對吧?聽說以前的裸麥脆麵包只有使用裸麥、鹽巴和水,完全沒有使用麵包酵母(酵母菌)。當時是把碎冰混進麵團裡面,這樣一來,冰塊就會在烘烤的時候蒸發,麵團就能產生氣泡。現在讓麵團產生氣泡的普遍做法則是添加麵包酵母,而且,不光只是單純使用裸麥,現在搭配小麥一起製作的情況也很多。在我的國家可以買到各種口味的裸麥脆麵包,例如穀物、堅果或是香辛料口味,同時還有圓形或長方形等各種不同的形狀。由於裸麥麵包的主原料裸麥含有豐富的礦物質和食物

纖維,份量輕薄且低熱量,所以世界各地許多重視健康的人士都非常喜愛。貴國國內又是如何呢?住家附近沒有IKEA,所以很難買得到嗎?那麼,就跟著我一起做吧?今天使用的是葵花籽和黑芝麻,不過,有機會的話,大家也可以試試其他堅果或種籽、香辛料等食材喔!

攝於瑞典的飯店。早餐隨附有著經典形狀的裸麥脆麵包。尺寸大約是蛋糕盤大小。

摘錄自介紹斯堪地那維亞半島傳統飲食文化的書籍。裸麥脆麵包就像這樣,吊掛保存在天花板下面。

不使用酵母的簡單裸麥脆麵包

材料（底邊9cm、斜邊10cm的等邊三角形，約14片）

裸麥粉（粗磨）… 75g
低筋麵粉 … 75g
葵花籽（烘烤、無鹽）… 3大匙
黑芝麻 … 2大匙

鹽巴 … 3/4小匙
橄欖油 … 1大匙＋2小匙
冷水 … 3大匙
＊葵花籽也可以換成同等份量的南瓜籽、燕麥

片、切碎的堅果。
＊黑芝麻也可以換成小茴香、孜然、藏茴香（全
都是種籽）、肉桂、白豆蔻（全粉末）1小匙。

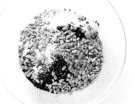

① 把裸麥至鹽巴的材料放進碗裡，用手充
份混拌。

② 把橄欖油放進①的碗裡，用手搓拌，直
到呈現鬆散狀。

③ 把水放進①的碗裡，彙整成團。

⑥ 熱度消退後，依照刀痕分割成小片，在
冷卻器上放涼。
＊放進裝有乾燥劑的密封容器，放置於
陰冷場所，可保存2星期。

④ 用2片烤盤紙把③的材料夾起來，用擀
麵棍盡可能擀成長方形。完成後，把上
方的烤盤紙拿掉。

⑤ 切出三角形的刀痕，直接連同下方的烤
盤紙一起放進烤盤，用預熱至220℃的
烤箱烤15～20分鐘。

裸麥脆麵包完成後，一開始的優先吃法
是，在上面抹上幾乎看不見裸麥脆麵包的
滿滿奶油，鋪上用削片器薄削的半硬質起
司。如果沒有嚐試過這種吃法，就不算吃
過裸麥脆麵包喔（笑）。之後就可以自由
發揮！本書《麵包使用說明書》裡面「裸
麥麵包」或「坎帕涅麵包」的吃法，都可
以應用在裸麥脆麵包上面喔！最後就來推
薦一下我個人偏
愛的吃法吧！

**鯖魚蒔蘿美乃滋＋全熟水煮蛋＋
小黃瓜**

❶ 把奶油抹在裸麥脆麵包上面，鋪上鯖魚
蒔蘿美乃滋（參考p.140），擠點檸檬汁。
❷ 在①的上面鋪上切片的全熟水煮蛋（參考
p.132）、小黃瓜，撒上鹽巴、蒔蘿（乾）。

火腿＋蜂蜜芥末醬

❶ 把奶油抹在裸麥脆麵包上面，鋪上切成
適當大小的去骨火腿、削片的起司。
❷ 在①的上面淋上蜂蜜芥末醬（參考
p.153），裝飾上巴西里。

貝果

【圈圈裡面要夾什麼呢？】

發源、語源

有一個說法，貝果起源於中世紀的波蘭，猶太人所吃的克拉科夫貝果（Obwarzanek；水煮麵包）。

材料

小麥粉（高筋麵粉）、水、砂糖、鹽巴、麵包酵母（麥芽、蜂蜜）

貝果的由來眾說紛紜，充滿著謎團，其中，最有力的說法是中世紀東歐的猶太人麵包。據說是遭到迫害而逃亡到美國的猶太人傳入紐約（以下標記為「NY」）的。至今，在他們搭船抵達，直接定居下來的下東城，仍然有貝果的老字號店鋪存在。當時最普遍的吃法是，把價格便宜的鮭魚，連同奶油起司或番茄夾在一起。

NY貝果會透過水煮阻斷發酵，所以麵包芯比較緊密，口感紮實，不過卻出乎意料地脆蹦，小麥會像奶油那樣，在嘴巴裡面化開。因此，非常適合融化方式類似的奶油起司。日本國內獨自發展出的是，使用日本產小麥的Q彈貝果。普遍的吃法都是直接單吃貝果，而不是添加巧克力或乾果，或是當成主食麵包或三明治。貝果的副材料只有砂糖。因此，也可適用於食品規範較多的猶太人食物、純素主義（完全素食主義）。

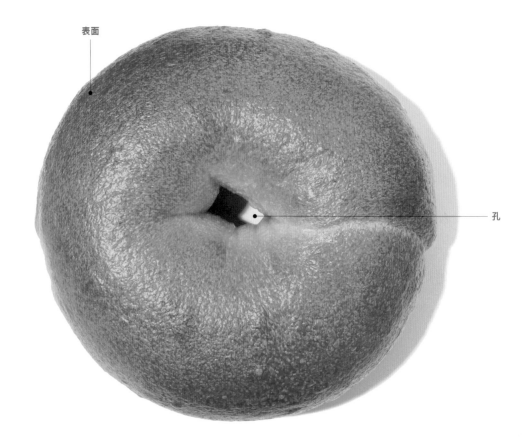

表面

孔

製法的特色
煮出Q彈、香脆的美味

正統NY貝果的基本做法是，手捲（不使用機器，用手製作）／水煮（不使用烤箱的蒸氣，而是用鍋子煮）／使用麥芽（烹煮時，放進熱水裡面）。製作貝果的團隊分成，負責麵團整型的「Roller」，負責烹煮整型完成的麵團的「Kettleman」，以及用烤箱烘烤半成品的「Baker」

（當然，就是由1個人負責某個部分）。貝果的最大特色就是水煮。那種效果就類似讓澱粉糊化的湯種。所以才能讓麵包芯產生Q彈口感、外皮酥脆，同時也讓表面呈現光澤。

貝果的形狀
現在，貝果的整型方法有2種。多數都是採用標準的環狀（右），另一種則是為了更容易夾配料而改良的螺旋狀（左）。

環形的整型法
整型成棒狀，把棒狀的另一端壓成扁平狀。繞圈，將扁平狀的麵團覆蓋在另一端的棒狀麵團上面，藉此製作出環狀，將接縫招緊，讓麵團黏在一起。

螺旋狀的整型法
把整型成棒狀的麵團捲起來，像蝸牛那樣，讓尾端和主體的麵團結合在一起。麵團的黏合作業比環形簡單。

煮貝果
水煮作業（Kettling）會產生獨特的口感。在煮沸的熱水裡面添加糖分（麥芽糖漿或砂糖等），就能夠產生光澤。水煮的時間，單面各30秒。

氣泡

麵包芯

這張照片是環形。水煮之後，表面會產生光澤，閃閃發亮。表面充滿張力，內層紮實，但口感卻十分酥脆。

切法

橫切後，
更容易入口

貝果的切法幾乎只有一種選擇。通常都是橫切成上下2片。切成對半，抹上奶油起司，製作成三明治，或是不製作成三明治，直接只吃單一邊。甚至，也可以縱切成對半，兩個人分著吃，或是分成2次吃。冷凍的時候也是，只要預先橫切成片，就可以用烤箱直接回烤成原來的狀態。

① **直立起來入刀**
將貝果立起來，菜刀從正中央切入至1/3左右的部位。

② **換個方向橫切**
直接連同菜刀一起，把貝果橫放在砧板上面，以橫切的方式切開。

正統的吃法

有多少客人，
就有多少種貝果三明治

紐約人吃貝果，幾乎都是採用三明治的方式。這裡就以某間貝果店為例，說明貝果三明治的點餐方式吧！首先，先挑選貝果。原味、芝麻、洋蔥、裸麥（參考p.93）等日本人熟悉的口味，或是非日本人熟悉的口味，大約有10種口味可以選擇。然後是抹醬。光是奶油起司就有許多種類，除此之外，還有核桃葡萄乾、乾番茄、羅勒、蒔蘿……種類多達20種以上。接下來就是挑選鮭魚、火腿、起司、蔬菜（這部分也有好幾種種類）……可以選擇的種類非常多。搭配方式十分多變。就等於是有多少客人，就有多少種貝果三明治，非常符合美國這個自由國家的風格。

1	2	3
		4

1. 首先，從多種種類中選擇貝果。 2. 從冷藏櫃裡面挑選配料。 3. 奶油起司、豆腐抹醬……種類各式各樣。 4. 各式各樣的蔬菜。可以選擇夾進貝果裡面，也可以做成配菜沙拉。

烤法

加熱、回烤都好吃

基本上，貝果買回家之後，還是建議盡快吃完。加熱有加熱或回烤2種方式。只要在不切的情況下，放進烤箱裡面回烤，就能有外皮酥脆、內層鬆軟，宛如剛出爐般的口感。

橫切之後，也十分推薦烤至上色的程度。口感會變得酥脆、輕盈。呈現趨近於烤吐司般的狀態。

① 加熱整個貝果的時候

用預熱2分鐘的烤箱，加熱約1分鐘30秒。

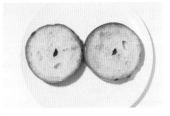

② 回烤橫切的貝果的時候

用預熱2分鐘的烤箱，回烤約2分鐘（冷凍的話，就烤3分鐘）。

創意變化

享受多種創意變化！
經典貝果大集合

芝麻

在麵團內添加黑芝麻或白芝麻，或是撒在表面。
也很適合搭配炒金平、照燒雞肉等日式小菜。

起司

在麵團內添加起司，或鋪在表面。增加了起司的濃
郁和鹽味。很推薦肉類或海鮮加工食品＋蔬菜的組
合。

穀粒

穀粒就是指「種籽」。使用燕麥片、葵花籽等各式
各樣的雜穀或果實。以鷹嘴豆泥（參考p.149）、
白黴起司、雞蛋沙拉（參考p.132）等沙拉類作為
基底。

洋蔥

在麵團內添加洋蔥碎末（酥炸洋蔥）。洋蔥的風味
十分強烈，和起司一樣，建議搭配肉類或海鮮加工
食品＋蔬菜的組合。

各式各樣的創意變化，便是享受貝果的樂趣所在。介紹經典的NY貝果，以及各自適合搭配的配料或料理。
不知道貝果該夾什麼配料，或希望把貝果當成主食麵包的時候，大家可以參考一下。

肉桂葡萄乾

在麵團內添加肉桂粉和葡萄乾。也很適合奶油起司
＋蘋果醬或是焦糖蘋果（參考p.149）、奶油起司
＋楓糖貝果（參考p.135）。

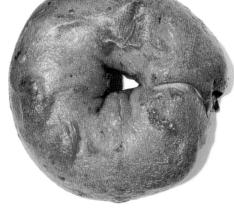

全麥

使用全麥粉製成的貝果。也推薦搭配馬鈴薯泥（參
考p.146）＋生火腿等，p.110的A和肉類或海鮮加
工食品的組合。

巧克力

在麵團內添加巧克力碎片或可可粉。也很適合花生
醬＋莓果類的果醬、藍紋起司＋柑橘醬、混入抹茶
的奶油起司＋煉乳。

藍莓

在麵團內添加乾藍莓或糖漿漬。甜味貝果當中，最
適合鹹味配料的貝果。首先，可以試試看BLT或雞
蛋沙拉（參考p.132）。

吃法 ❶

美味法則A＋B

說到經典中的經典貝果三明治，那就是原味的奶油起司和LOX（鹽漬鮭魚）。鹽漬鮭魚就是煙燻鮭魚，也可以搭配番茄片、洋蔥、刺山柑等食材。就像這樣，「濃醇且入口即化的A食材＋1或2種的B食材」，就是製作貝果三明治的基本，剩下的部分就是自由發揮囉！

A

抹醬類

- 原味奶油起司
- 調味奶油起司（所有食譜皆參考p.157）

  蔥（1種蔥）奶油起司
  甜椒奶油起司
  乾番茄奶油起司
  橄欖奶油起司
  巧克力碎片奶油起司
  葡萄乾核桃奶油起司
  蘋果肉桂奶油起司
  橙皮奶油起司

- 鷹嘴豆泥（參考p.149）
- 花生奶油
- 果醬／果粒果醬（參考p.150）

沙拉類

- 烤鮭魚沙拉（參考p.138）
- 咖哩鮪魚（參考p.140）
- 塔沙摩沙拉（參考p.146）
- 雞蛋沙拉（參考p.132）
- 馬鈴薯泥（參考p.146）

起司類

- 硬質、半硬質起司
  切達起司、豪達起司等
- 白黴起司
  布利乾酪、卡芒貝爾乾酪等
- 切片起司

B

肉類、海鮮加工品

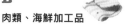

- 煙燻鮭魚
- 酥脆培根（參考p.135）
- 火腿
- 生火腿
- 烤雞或煎雞肉（參考p.136）

蔬菜類

- 番茄
- 洋蔥片（紅洋蔥尤佳）
- 酪梨
- 菜葉蔬菜（參考p.141）
- 芽菜（參考p.142）
- 小黃瓜
- 甜椒
- 醃菜（參考p.148／市售）
- 刺山柑

這樣的吃法也可以！

- 甜味貝果夾上鹽味內餡
- 鹽味貝果夾上甜味內餡
- 早餐速食貝果
  培根／荷包蛋（參考p.132）／起司
- BLTA
  培根／萵苣／番茄／酪梨
- BLTE
  培根／萵苣／番茄／荷包蛋或雞蛋沙拉（一律參考p.132）
- 貓王三明治
  花生奶油／培根／香蕉片

推薦的貝果與配料組合

原味 →

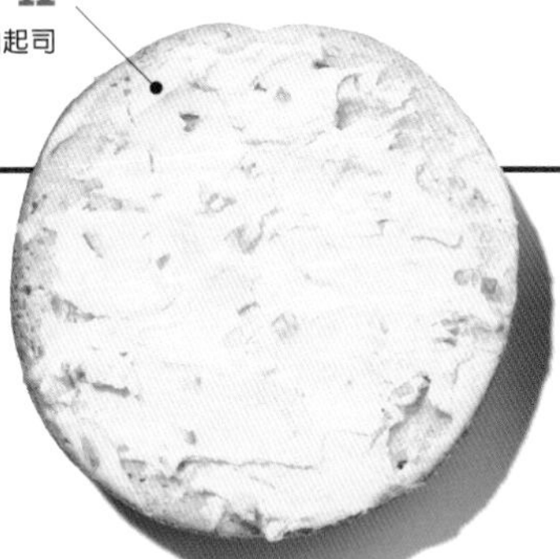

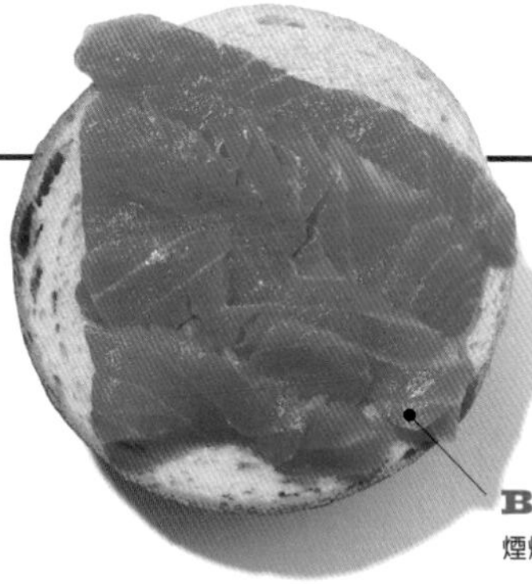

A
蔥奶油起司

+

B
煙燻鮭魚

穀粒 →

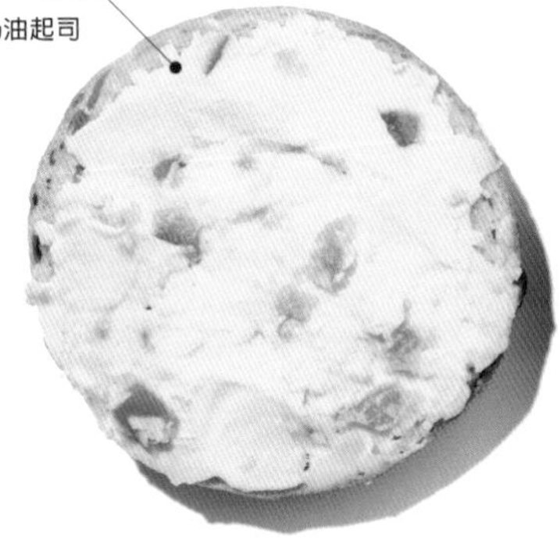

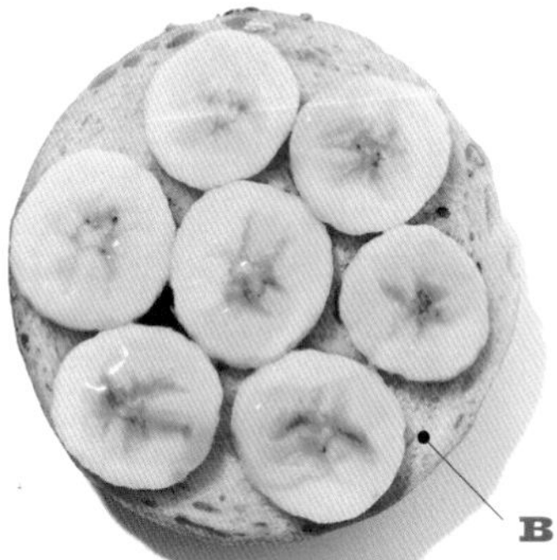

A
橙皮奶油起司

+

B
楓糖漿淋香蕉

藍莓 →

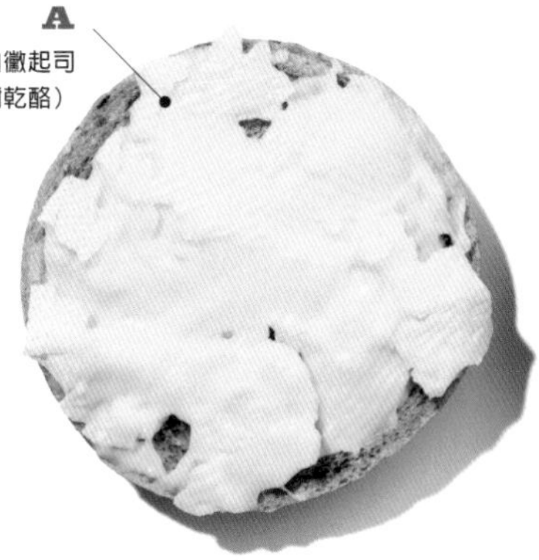

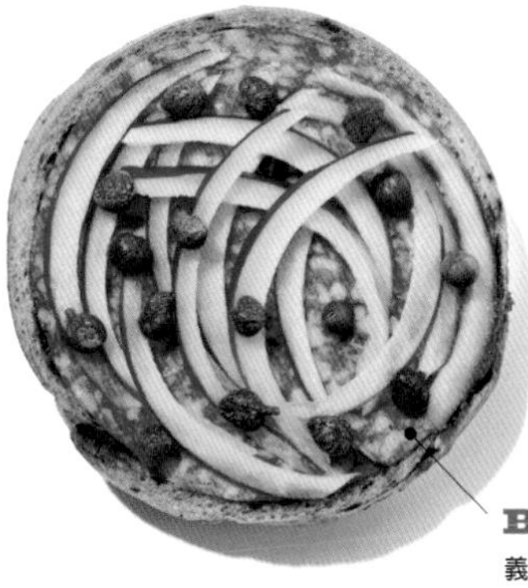

A
白黴起司
（布利乾酪或卡芒貝爾乾酪）

+

B
義大利臘腸＋刺山柑＋
洋蔥片（紅洋蔥）

肉桂葡萄乾 →

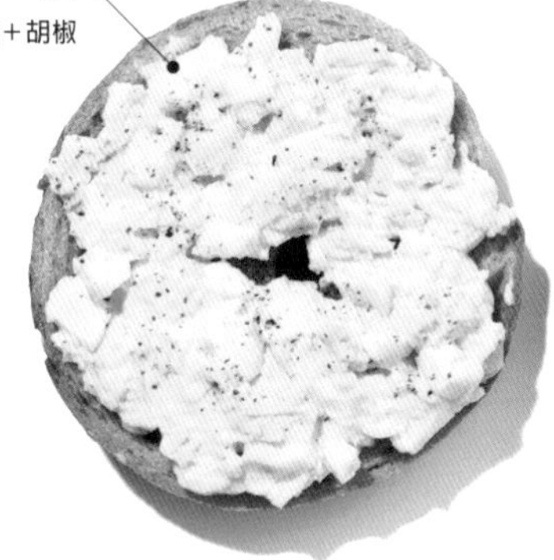

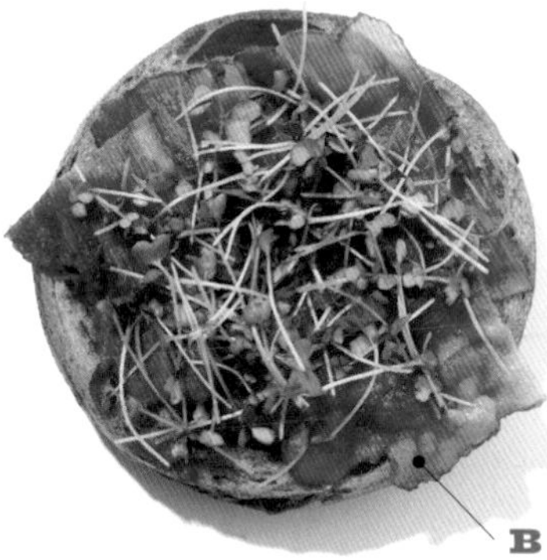

A
雞蛋沙拉＋胡椒

+

B
培根＋
西洋黃芥末芽菜

吃法 ❷

用貝果三明治環遊世界

日式香草的奶油起司漬鮭魚

把日式香草混進奶油起司裡面,再搭配上經典的漬鮭魚。
也可以加點洋蔥片、番茄、酪梨等配料。

材料(2個)

煙燻鮭魚 … 40g
日式香草的奶油起司
  奶油起司(恢復至室溫)… 60g
  紫蘇 … 5片
  蘘荷 … 1/2個
檸檬汁(恢復至室溫)… 5g
貝果(原味)… 2個

製作方法

❶ 製作日式香草的奶油起司。把奶油起司放進碗裡,用木鏟攪拌至柔軟程度。
❷ 紫蘇切除略粗的葉脈,切成細絲。蘘荷切成細末。
❸ 把②放進①的碗裡,攪拌。
❹ 麵包橫切,把③抹在下層麵包的剖面,鋪上煙燻鮭魚。
❺ 把奶油抹在上層麵包的剖面,疊在④的下層麵包上面,夾起來。
❻ 吃的時候,把檸檬汁擠在煙燻鮭魚上面。

自製鹽醃牛肉三明治

說到倫敦的貝果三明治,就屬鹽醃牛肉莫屬。
燉煮至軟爛入味的鹽醃牛肉,令人上癮,欲罷不能。

材料(2個)

自製鹽醃牛肉
  牛肩胛胛肉塊 … 300g
  洋蔥 … 1/2個
  鹽巴 … 10g
  月桂葉 … 2片
  胡椒(黑、整顆)… 10顆
醃小黃瓜
(若沒有,就用沒有甜味的醃菜)
… 2條
英式芥末(若沒有,就用黃芥末)
… 1～2大匙
檸檬汁(恢復至室溫)… 10g
貝果(起司)… 2個

製作方法

❶ 製作鹽醃牛肉(參考p.136)。略熟後,切成厚度5～8mm。
❷ 醃小黃瓜1條縱切成4片。
❸ 麵包橫切,把邊緣烤至酥脆程度。
❹ 在③的剖面抹上奶油。
❺ 在下層麵包抹上芥末,然後,依序鋪上①的鹽醃牛肉、②的醃小黃瓜,再用上層麵包夾起來。

＊也可在鹽醃牛肉上塗抹蛋黃醬。

●使用的麵包:直徑10cm的貝果。

貝果三明治的配料不分和洋。日式漬鮭魚、英國令人無法抗拒的三明治、美國的保守派，
以及肉桂葡萄乾，絕無僅有的完美組合。貝果三明治的巨星，全在這裡齊聚。

配酒 啤酒、黑啤酒、高球

特製BLT

三明治配料的黃金組合BLT（培根、萵苣、番茄），再加上酪梨抹醬，
更添一層高級口感。

材料（2個）

楓糖培根
　培根 … 3～4片
　橄欖油 … 1/2大匙
　楓糖漿 … 適量
開心果酪梨抹醬（4個貝果的份量）
　酪梨 … 1個（170g）
　蒜頭 … 1瓣（5g）
　檸檬汁 … 2小匙
　開心果（帶殼）… 50g
　芥末粒 … 1大匙
　美乃滋 … 1大匙
萵苣（參考p.141）… 2片
番茄（厚度8mm）… 2片
胡椒 … 少許
奶油（恢復至室溫）… 5g
貝果（原味）… 2個

製作方法

❶ 製作開心果酪梨抹醬（參考p.143）。
❷ 製作楓糖培根。培根切成對半，放進用中火
加熱橄欖油的平底鍋，香煎至酥脆程度。
❸ 把楓糖漿倒進盤內，將②的單面放進糖漿內
浸泡。
❹ 麵包橫切，烤至邊緣呈現酥脆程度。
❺ 把奶油抹在④的下層麵包的剖面，依序鋪上
萵苣、番茄、③的楓糖培根，撒上胡椒。
❻ 把①的開心果酪梨（50g）抹醬抹在上層麵
包的剖面，和⑤的下層麵包合併在一起。

配酒 黑啤酒、紅葡萄酒

胡蘿蔔蛋糕風味的甜味三明治

肉桂葡萄乾、添加了楓糖漿的胡蘿蔔絲、核桃、奶油起司的組合，
簡直就像胡蘿蔔蛋糕似的。

材料（2個）

奶油起司（恢復至室溫）… 60g
甜味胡蘿蔔絲
　胡蘿蔔 … 1/2條（75g）
　核桃（烘烤）… 10g
　楓糖漿 … 2大匙
核桃（烘烤）… 20g
貝果（肉桂葡萄酒）… 2個

製作方法

❶ 製作甜味胡蘿蔔絲。胡蘿蔔削皮，用刨絲器
刨成細絲。核桃切碎。
❷ 把①的胡蘿蔔絲放進小碗，加入楓糖漿，充
分拌勻。
❸ 麵包橫切，把②的材料鋪在下層麵包的剖面
上。
❹ 在上層麵包的剖面抹上奶油起司，鋪上用手
拍碎的核桃，和③的麵包合併。

妄想特派員報導 ⑩

美國人的經典早餐！
甚至還在市售的甜甜圈上面
抹上手工製抹醬

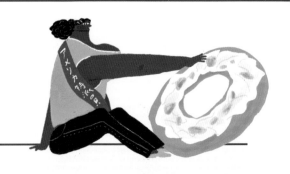

嘿！我是美國特派員珍妮佛‧潘斯金斯！大家可以叫我珍妮佛。我目前居住在美國的NY（紐約）。
《麵包使用說明書》介紹的是貝果。真是萬分感謝！誠如大家所知道的，雖然貝果的起源並不是來自美國，不過，因為貝果沒有使用雞蛋或乳製品，同時口感又很棒，所以在標榜健康至上的紐約十分普及。現在，貝果儼然就是紐約的代表性麵包。那麼，問大家一個問題。哪種麵包和貝果有最多共通點？有著相同的形狀，同樣也是由移民帶進美國，和貝果一樣，經常被拿來當成早餐的麵包是什麼呢？沒錯，就是甜甜圈！貴國國內通常都是把甜甜圈當成點心吧？美國則是經常把甜甜圈當成早餐喔！NY從一大早就開始營業的咖啡吧，一定會在櫥櫃內陳列貝果、甜甜圈、瑪芬。雖說NY的飲食趨勢不斷地改變，不過，這三

種麵包依然是最經典的早餐餐點。聽說美國的大小城鎮都有甜甜圈店，而且一大早就開始營業。然後，中午過後就會打烊。不過，畢竟美國的腹地很廣，所以或許鄉下的甜甜圈店才會那樣吧！我個人也非常喜歡甜甜圈。可是，甜甜圈的種類真的很多，甚至，某些引領潮流的甜甜圈店也經常推出新的口味，眼花撩亂，真的會讓人不知道該怎麼挑選。有些店家甚至還會依照季節變換口味。美國的甜甜圈基本上有2種類型。蓬鬆的酵母發酵類型和濕潤的奶油蛋糕類型（添加泡打粉或小蘇打粉）。除此之外，還有各式各樣的不同創意變化，例如把2種麵團連接在一起，或是抹上抹醬或鋪上表層飾材等。以下就來分享一下甜甜圈的種類，順便分享一下英文的念法吧！

酵母發酵類型／Yeast(ed) Doughunts

- **Sugared／砂糖**
  外層撒滿砂糖。

- **Glazed／糖衣**
  外層塗滿半透明的砂糖液。

- **Frosted（or Iced）／糖霜（結霜）**
  抹上帶有顏色和味道的糖衣。
  上面有彩色噴霧等有顆粒的種類稱為Sparkled（火花）。

- **Filled／內餡**
  中央填塞了奶油或是果醬等內餡。

- **Twist／麻花**
  麵團扭轉整型後，下鍋油炸。
  經典口味有砂糖、糖衣、肉桂。

- **Roll／捲**
  麵團整型成螺旋狀之後，下鍋油炸。
  經典口味是咖啡捲、肉桂捲。

奶油蛋糕類型／Cake Doughunts

- **Traditional／傳統**
  最基本的甜甜圈款式。

- **Old-fashion(ed)／古典**
  表面龜裂，凹凸不平的甜甜圈。

- **Cruller／油炸**
  如果是法式油炸甜甜圈，就是採用法式泡芙麵糊。

- **Apple Fritter／炸蘋果圈**
  添加了蘋果、蘋果酒、肉桂的甜甜圈。

咦？你知道嗎？日本也有甜甜圈店？叫做「Mister Donut」？真是太神奇了！那麼，現在就準備一下那家店的甜甜圈，不加任何砂糖或是糖衣！跟著珍妮佛一起試著製作NY和西海岸的美味糖衣甜甜圈，還有時尚抹醬甜甜圈吧！

使用Mister Donut的古典甜甜圈

食譜中的甜甜圈是一個份

格雷伯爵紅茶糖衣

材料、製作方法

格雷伯爵紅茶糖衣

　糖粉 … 2大匙（15g）

　水 … 1/2小匙

　格雷伯爵紅茶（粉末）… 1/2小匙

　＊使用茶包內容物

❶ 製作糖衣。依序把所有材料放進小碗，每加入一種材料就要充分攪拌均勻，再加下一種材料。

❷ 用微波爐（500W）加熱❶的材料20秒。

❸ 用湯匙，讓❷的材料滴落在甜甜圈的表面，做出像水珠般的模樣。

木槿花茶糖衣

材料、製作方法

木槿花茶糖衣

　糖粉 … 2大匙（15g）

　水 … 1/2小匙

　木槿花茶（粉末）… 1/2小匙

　＊使用茶包內容物

❶ 木槿花茶糖衣的製作方法，和格雷伯爵紅茶糖衣製作步驟的❶、❷相同。

❷ 將❶的木槿花茶糖衣塗抹在甜甜圈的表面。

檸檬糖衣

材料、製作方法

檸檬糖衣

　糖粉 … 2大匙（15g）

　檸檬汁 … 1/2小匙

　百里香（生的尤佳）… 2支

❶ 製作檸檬糖衣。把所有材料放進小碗，用湯匙充分攪拌均勻。

❷ 用微波爐（500W）加熱❶的材料20秒，加入1支份量的百里香葉子，拌勻。

❸ 用湯匙，把❷的材料淋在甜甜圈的表面，撒上剩下的百里香葉子。

＊也可以用迷迭香取代百里香。

奶油起司＆香辛料

材料、製作方法

奶油起司糖霜

　奶油起司 … 1個（18g）

　糖粉 … 1大匙

香辛料（粉末／可依個人喜好，選用肉桂、白豆蔻等）… 適量

核桃 … 1～2個

❶ 製作奶油起司糖霜。把奶油起司放進小碗，用微波爐（200W）加熱30秒，使材料呈現柔滑狀。

❷ 把糖粉放進❶的小碗，充分拌勻。

❸ 把香辛料撒在甜甜圈的表面，抹上❷的糖霜（顛倒過來沾上也OK），裝飾上拍碎的核桃。

薑味奶油起司＆柳橙

材料、製作方法

薑味奶油起司糖霜

　奶油起司 … 1個（18g）

　糖粉 … 1大匙

　薑（泥）… 1/5小匙

柳橙（果肉）… 適量

❶ 製作薑味奶油起司糖霜。製作方法和奶油起司糖霜的製作步驟❶、❷相同。

❷ 把薑泥放進❶的小碗，充分拌勻。

❸ 把❷塗抹在甜甜圈的表面，裝飾上柳橙。

焦糖

材料、製作方法

焦糖 … 2顆（9g）

❶ 把焦糖緊密排列在烤盤紙上面，用微波爐（500W）加熱30～40秒。

❷ 把甜甜圈放在❶融解的焦糖上面，翻面，讓焦糖沾黏在表面。趁焦糖還柔軟的時候，把正中央的焦糖往中央的洞裡面塞。

＊也可以趁焦糖還很軟的時候，撒上鹽之花。

麵包的基礎

「麵包是什麼？」「什麼時候開始有麵包的？」「麵包的美味吃法？」

為了讓大家更進一步地了解麵包，

本篇章彙整了麵包相關的基礎知識。

同時也會解說可運用在各種麵包上的保存方法與切法訣竅。

●麵包的定義

麵包是在小麥粉、裸麥粉、米粉等穀物粉末裡面，加入水、酵母、鹽巴，製作成麵團，讓麵團發酵後，再進行烘烤而成。不過，其中也有某些例外。例如，印度或巴基斯坦的印度麥餅（Chapati），就是沒有添加酵母的無發酵麵包，而瑪芬那樣的速食麵包，則是用泡打粉代替讓麵團膨脹的酵母。說到鹽巴，義大利的托斯卡尼麵包（托斯卡尼州的麵包）就是沒有添加鹽巴的麵包。除此之外，還有很多很多的例外，由此可證，麵包的種類真的數不勝數。

●麵包的歷史

想吃麵包的「麵包欲」
開啟了農業和文明？

麵包的歷史起源於約1萬4000年前，現今的約旦周邊。把小麥或大麥、植物根莖的粉末搓揉成團後，壓扁，再用石頭建造的石窯進行烘烤（被稱為人類史上最古老的料理）。農業的開始大約是1萬年前，所以麵包的起源更早於農業？

根據這個事實，我非常認同「人類喜歡吃麵包」的說法。正因為有想吃麵包的「麵包欲」，人類才會開始發展農業，進而產生促進文明發展的原動力。

就麵包定義所說的發酵麵包來說，發酵麵包起源於5000年前的埃及。據說，當時的人們發現搓揉的麵團放置一段時間後會膨脹。試著烘烤後，發現口感非常美味。從此之後，人們就學會先讓麵團發酵後再吃的方法。為什麼我會這麼清楚？因為埃及國王的墳墓裡面有製作麵包的壁畫。壁畫上也有畫出磨粉用的道具和石窯，由此可知，當時的麵包製作就已經有很不錯的水準。據說鄰近民族都稱呼埃及人為「吃麵包的人」。

普及至歐洲各地，
隨著技術的提升，庶民也開始吃白麵包

到了紀元前500年左右的古希臘，麵包的種類已經增加到驚人程度。添加起司、添加蜂蜜、添加橄欖、添加乾果、添加葡萄酒、炸麵包……現代有的麵包種類，幾乎都已經在當時問世。英國高超的麵包技術承襲自古羅馬。殘存於龐貝遺跡的麵包窯，幾乎和現代的新窯有著相同的形狀。據說，佛卡夏（參考p.74）就是在這個時期的羅馬帝國出現的。

麵包技術也在羅馬帝國擴大版圖的同時，傳入歐洲各地。裸麥原本是混在小麥裡面的雜草，但隨著種籽被傳入北方的同時，在小麥裡面混入裸麥的機率便開始逐漸增多。推測那就是小麥和裸麥混合而成的裸麥麵包（參考p.90）的起源。

在中世紀的歐洲，白麵包是身分地位較高的人吃的食物，添加了麥糠的黑麵包則是身分地位較低的人吃的食物。麵包的身分象徵十分鮮明，甚至，只要觀察餐桌上的麵包，就可以知道對方是什麼身分的人。換言之，白麵包是當時令人趨之若騖的食物。

這個時期的麵包，就相當於現在的坎帕涅麵包（參考p.26）。村莊裡面設有共用的麵包窯，人們會在這裡烤出一週份量的麵包。那是還沒發明麵包酵母（酵母菌）的時代。人們都是把麵包的一部分當成麵包酵種，下次製作麵包時，再把那個麵包酵種混進麵團裡面，讓麵團發酵。

18世紀發生工業革命後，使用煤炭的大型麵包窯出現，在工廠內大量生產的麵包也開始問世。這就是誕生自英國的吐司（模烤麵包；Tin Bread／參考p.50）。19世紀，烘烤現代麵包的技術已經趨於成熟。那就是可以製造出麵包酵母（酵母菌）和不含麥糠的白麵粉的滾輪研磨機（利用

兩個旋轉的鋼鐵滾筒，把小麥的麥糠分開）。到了20世紀，因為有了白麵粉和麵包酵母的關係，除了過去那種堅硬的坎帕涅麵包之外，巴黎開始出現長棍麵包（參考p.6）和可頌（參考p.38），便是基於這樣的背景。

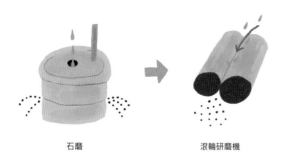

石磨　　　　　　　　滾輪研磨機

和火繩槍一起傳入日本
甜麵包文化和美國的影響

西洋麵包首次傳入日本的時間是16世紀。漂流到以「火繩槍發源地」而聞名的種子島的葡萄牙人，同時也把麵包帶進了日本。日語「麵包（パン；Pan）」的語源，便是來自葡萄牙語代表「麵包」之意的pão。

江戶時代，因為鎖國的關係，麵包並沒有那麼普及，吃麵包的大多都是出島的外國人，又或是把麵包當成軍用糧食的人。到了幕末，居住在橫濱居留地的英國人開了麵包店，開始在當地販售起英國麵包（吐司）。帶起這股潮流的那間麵包店，至今仍以「Uchiki Pan」之名，留存在橫濱。

紅豆麵包是源自日本的代表性麵包。明治7年（1874年）由「銀座木村家」所發明。對當時的日本人來說，麵包是種神祕的食物。因為麵包不怎麼受歡迎，所以木村就把腦筋動到饅頭上面，沒想到在酒種（利用麴發酵的發酵種）麵團裡塞進紅豆餡的紅豆麵包，居然大受歡迎。之後，「中村屋」也推出了奶油麵包等，於是，日本人便慢慢接納麵包，把麵包當成點心，而非主食。

長期以來，日本都是用酒種和啤酒花種（用啤酒的原料啤酒花進行發酵的發酵種）等作為麵包的發酵種，酵母直到大正時代才開始登場。「丸十麵包店」的午餐麵包（參考p.64）是日本率先用美國進口酵母製作的麵包。受到酵母的刺激後，咖哩麵包、波蘿麵包等新口味的麵包，陸續在大正至昭和初期登場。

戰後，日本正式邁入越來越喜歡麵包的時代，而開創那個契機的是美國。戰後，美國捐助小麥粉和脫脂奶粉給糧食缺乏的日本人。日本人開始利用那些食材製作學校午餐用的午餐麵包。昭和時期，因為學校每天提供的午餐都是麵包和牛乳，所以那樣的餐點搭配才會深植成日本人的飲食習慣吧！

現在，日本國內吃最多的麵包就是吐司。同樣也是因為美國的強烈影響。早餐吃吐司配咖啡，這也是來自於美國的宣傳活動。另外，美國也培養了許多麵包師傅。鬆軟的午餐麵包或是吐司，全都是美國、義大利產小麥粉所擅長製作的麵包。因此，日本製作麵包的小麥粉，約90%以上都是源自於美國或義大利產。因此，內心總會有這樣的矛盾，一方面打從心底感謝，「美國啊！謝謝妳讓我們喜歡上麵包！」另一方面又會憂心，「仰賴海外食材，製作日本人最重要的食物，這樣好嗎？」

用日本產小麥製作，充滿個性的麵包店，
相繼掀起麵包風潮

昭和末期，日本國內也開始推動「用國產小麥製作麵包！」的風潮。1984年創業的「Levain」是，把自家培養的發酵種和從生產商那裡採購的小麥，製作成自家製麵粉，再進一步製作出坎帕涅麵包的先驅。1999年創業的「Benoiton」所使用「湘南小麥」是，委託當地生產商栽種小麥，然後在自己開設的石磨製粉所研磨而成的。這些先驅者全都是使用日本產小麥製作麵包，真的非常用心。

在這個時期，「國產小麥做不出麵包」是日本專業麵包師傅的常識。為什麼呢？因為小麥自彌生時代傳入日本後，一直都被栽培成烏龍麵用小麥（中筋麵粉），並不適合用來製作麵包。生於明治、大正的人都把小麥粉稱為「烏龍粉」，來自美國的麵粉則稱為「美國粉」。

然而，經過品種改良之後，麵包用的小麥便開始以北海道為中心，在日本國內逐漸普及。最早上市的先驅是1987年的春豐（Haru Yutaka）。之後，北之香（Kita No Kaori）或夢之力（Yume Chikara）、九州的南之香（Minami No Kaori）、關東甲信越的夢之香（Yume

Kaori）和花摩天（Hanamanten）等，可烘烤出美味麵包的小麥相繼問世。與此同時，日本國內也陸續出現使用當地小麥製作個性麵包的麵包店。透過麵包展現小麥個性的做法，儼然成為日本麵包的主流趨勢。

另外，平成之後，曾遭批評「厚重不易入口」的發酵種技術也有了全新的發展。例如增加含水量，使麵包更能夠在嘴裡化開，或是拉長發酵時間，讓發酵味道更加豐富。美味小麥、技術發展，以及充滿個性的麵包師傅相繼登場，使日本的麵包世界邁入全盛時期，堪稱為「麵包風潮」。

●更了解麵包的用語集

雖然天天吃麵包，但不瞭解麵包的人卻出乎意料地多。大家都知道麵包是由小麥製成，那其他的材料呢？該怎麼做，麵包才會膨脹？會讓人產生這種簡單疑問的部分，也是麵包的魅力所在。以下解說，可以讓大家了解主要材料和麵包膨脹原理、製作方法的用語。透過用語集，就能更容易地踏入正因為簡單，所以更顯深奧的麵包世界。

【麵粉篇】

小麥粉
剔除麥糠，只取出小麥中的白色部分（胚乳）製成，就是所謂的「白麵粉」。

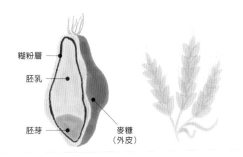

糊粉層
胚乳
胚芽
麥糠（外皮）

全麥粉
通指整顆小麥研磨而成的粉末。通常都會過篩，把麥糠當中較大顆粒的部分剔除，採用較容易入口的部分。

又分為兩種，一種是完全沒有過篩，直接把小麥研磨成粉，稱為「全粒粉」。另一種「全麥粉」是把胚乳、麩皮、胚芽，仿照天然比例混合還原的。是目前較常見原料。

高筋麵粉／中高筋麵粉／中筋麵粉／低筋麵粉
麵粉依小麥粉所含的蛋白質含量分成4種，這種蛋白質會形成麩質（參考p.122）。高筋麵粉的蛋白質含量最多，然後依序減少，低筋麵粉的蛋白質含量最少。

吐司或甜麵包等要求較多麩質的麵包要使用高筋麵粉。產地以美國、加拿大產（進口）或北海道產等為主。中高筋麵粉～中筋麵粉使用於低糖油成份配方（LEAN）的硬式麵包。也有些是以法國麵包專用麵粉的形式販售。麵粉越趨向於高筋麵粉，就越不容易產生強韌的麩質，因此，有時也會為了削弱高筋麵粉的麩質，以提高酥脆度為目的，混搭其他種類的麵粉。低筋麵粉通常是用來製作蛋糕甜點。形成麩質的蛋白質較少。

↓ 小麥粉種類的差異

	低筋麵粉	中筋麵粉	中高筋麵粉	高筋麵粉
蛋白質含量	較少6.5〜8.5%	中9%左右	略多10.5〜11.5%	較多11.5〜13.5%
黏性	偏弱	中	略強	強
紋理（粒度）	細緻	中	略粗	粗
用途	甜點	烏龍麵、什錦燒等	長棍麵包等低糖油成份配方	低糖油成份配方以外的麵包

日本產小麥

在麵包用小麥當中，使用國產小麥的比例僅占3％左右（2009年）。其中，北海道產約占60％，其次是福岡、佐賀、熊本等九州產，最後就是群馬、埼玉等關東產小麥。近年來，以北海道產為首的各家廠商，更透過品種改良，開發出適合麵包使用的品種。雖說麵包的個性會因小麥的產地和品種而有所不同，不過，總體來說，日本產小麥的特色就是有著宛如白米飯般的甜味和Q彈感。

進口小麥（美國產、加拿大產、澳洲產）

進口小麥是超市販售的大品牌小麥粉的總稱。相較於日本產或法國產，北美產小麥的蛋白質比較豐富，更適合用來製作麵包。因此，日本可以吃到的麵包用小麥，幾乎都是北美產。烏龍麵用的中筋麵粉則是澳洲產居多。

法國產小麥

法國是長棍麵包的誕生國。法國產小麥都用來製作長棍麵包或坎帕涅麵包等硬式麵包。蛋白質含量比不上美國或加拿大產小麥。就風味來說，法國產小麥有著奶油般的甜味，蝦米般濃郁的氣味。有些品牌的顏色偏黃。

裸麥

和小麥截然不同，裸麥的蛋白質幾乎無法形成麩質。因此，要使用裸麥酵頭，使麵團呈現酸性，以防止麵團變得黏稠（參考p.90）。日本國內的裸麥以德國產、北美產為主，國產相對稀少。

米粉

隨著無麩質的盛行，而開始被廣泛使用。因為不含麩質，所以通常都是搭配小麥粉一起使用。帶有Q彈感和甜味。

粗全麥粉

將麥糠和胚芽粗磨的一種全麥粉。

【副材料篇】

油脂

讓麵團的延展性更好，使氣泡膜或麵包皮更薄，呈現鬆軟（固體油脂的情況）。如此就能烤出酥脆、入口即化的麵包。同時，也具有鎖住麵團內的水分，預防乾燥的作用。牛乳製成的動物性油脂是奶油。就麵包用油脂來說，還有用牛乳以外的各種原料所製成的人造奶油和酥油等。另外，標榜天然食材的麵包店，有時則會使用菜種油或芝麻油等。

奶油

使用於麵包的油脂之一。富含乳香和甜味。布里歐麵包、可頌、奶油捲麵包的必備材料，吐司也會使用。

鮮奶油

增加乳香和甜味的同時，由於本身富含脂肪，所以也具有油脂的作用。

脫脂奶粉

牛乳脫去脂肪後的脫脂乳所乾燥而成。特色是能讓染色性變得更好，同時又帶有乳香和甜味。烘烤後更加香脆。

雞蛋

增加甜味和香氣的同時，還具有提高麵團延展性、延遲麵團老化、使麵團乳化（油水混合的狀態）的效果。

砂糖

糖會焦糖化，所以能夠讓麵包的色澤變得更漂亮。也具有使麵團更加柔軟、濕潤的效果。砂糖是麵包酵母的營養來源，但如果像甜麵包那樣，添加太多的話，有時反而會影響麵包酵母的活動，或妨礙麩質的結合。

鹽巴

就跟料理使用的鹽巴相同，主要作用就是讓食物更加美味的調味料，但同時也具有提高麩質彈力，使麵團更緊密結合的效果。標準的用量是小麥粉的2％。

【酵母篇】

酵母的作用

麵包的生成，主要來自於酵母這種微生物的作用。來自小麥粉或酵母的酵素會把澱粉分解成糖。酵母會把這種糖當成餌食，製造出二氧化碳（Carbon Dioxide）和酒精（酯）等香味成分。當麵團裡面塞滿酵母所釋放出的二氧化碳後，麵包就會膨脹。這個流程就稱為「發酵」。麵包的味道和形狀，就取決於發酵的方法以及酵母的活動方式。

在製作日本酒、葡萄酒或啤酒的時候，也會使用酵母（Saccharomyces Cerevisiae；啤酒酵母菌）。為加以區別，專門用來製作麵包的酵母就稱為「麵包酵母」。

麵包酵母（酵母菌）

用來培養適合製作麵包，發酵力更強的酵母，同時讓酵母增殖。就是超市等賣場販售的市售「酵母菌」。有新鮮酵母（Fresh Yeast）、乾酵母（Dry Yeast）、速發乾酵母（Instant Dry Yeast）。本書不使用「酵母菌」這個說法，而是標記成「麵包酵母」（部分則是例外）。

發酵種

所謂的「天然酵母」。小麥或葡萄乾等加水之後，附著在原料上面的酵母（或是浮游在空氣中的酵母），就會增殖、活化，製作出促使麵包麵團發酵的「發酵種」。外觀上和麵包麵團沒兩樣。

發酵種和透過顯微鏡選擇的麵包酵母不同，無法精準選出具發酵力的酵母。所有作業完全憑藉人類的視覺和感性。發酵種是包含酵母、乳酸菌、醋酸菌等各種菌種在內的一種生態系統，因此，含有各個菌種產生的酸味、香味，以及大量的風味。因為發酵種的發酵力低於麵包酵母，所以往往會製作出緊實的麵包，發酵也比較不穩定。這也是麵包風味質樸且厚重的原因所在。

手工製作的發酵種被稱為「自家培養發酵種」。也有人會採用市售的發酵種。

發酵種有魯邦酵種、裸麥酵頭、葡萄乾酵種、酒種等。另外，水果、蔬菜、花等材料也可以製作出發酵種。

小麥、葡萄乾等的酵母

休眠

↓

加水

↓

覺醒、活化

老麵種（酸麵團）

用穀物發酵而成的發酵種總稱。麵包製作的原點，魯邦酵種、裸麥酵頭也包含在其中。

最近，說到酸麵團，通常都是指美國西海岸名店「Tartine Bakery」的鄉村麵包所掀起的潮流。製作方法的特色就是，高溫烘烤使用未產生酸味的年輕發酵種（發酵時間較短）且具高含水量的麵團。

魯邦酵種

用小麥粉發酵的發酵種。有時也會單純稱呼為「魯邦」。帶給麵包酸味與濃郁風味的同時，也會產生果香。

魯邦液種

魯邦種有魯邦液種（Levain Liquid；水分較多，具流動性的發酵種）和魯邦硬種（Levain Dur；水分較少，偏硬的發酵種）。如果水量較多，酸味就不會太強烈，往往會趨向於帶有甜味的發酵種。

裸麥酵頭

老麵種當中，用裸麥製成的老麵統稱為裸麥酵頭。用幾乎不會產生麩質的裸麥製作麵包時，絕對欠缺不了裸麥酵頭。具有獨特的酸味和風味。用於德國麵包或北歐麵包。

葡萄乾酵種

特色是酸味較少，可以讓麵包產生來自於葡萄乾的甜味。因此，即便是烤過久的麵包，也不容易產生苦味，適合硬式麵包。

酒種

用麴製成，日本特有的發酵種。因使用於「銀座木村家」的紅豆麵包而聲名大噪。可釀出類似於日本酒、味噌或甜酒的風味。

麩質

小麥粉的蛋白質含量約10％，分別是麥膠蛋白（Gliadin）和麥麩蛋白（Glutenin）2種。小麥粉加水搓揉之後，這2種蛋白質就會交纏在一起，形成薄膜。小麥粉所含的蛋白質和水結合後所形成的橡膠物質就稱為「麩質（Gluten）」。麩質會使麵團裡面充滿空氣，使麵包膨脹。在帶給麵團黏性、彈性的同時，烤過之後，會冷卻凝固，形成麵包的骨架。

麩質越多，麵團就越容易膨脹，但在此同時，卻又會有讓麵包變硬、不容易入口的缺點。取得比例的平衡，便是製作美味麵包的關鍵。

澱粉

小麥粉的澱粉含量約70～75%，是麵包美味的主軸。酵母具備的酵素作用會把澱粉分解成糖，糖就會成為酵母的餌

食。同時，咀嚼麵包所感受到的甜味，以及麵包在口腔內融化，竄入鼻腔的香氣，全都源自於澱粉。

【製法篇】

直捏法

一開始就把所有材料混合在一起，進行一次混合攪拌，就完成麵包製作的標準製作方法。可製作出純小麥粉風味的麵包。發酵時間較短，因此，保存期限不長久。

長時間發酵

把揉捏好的麵團放置一晚左右，發酵時間比標準製法更長的製作方法（又稱為過夜發酵法；Overnight）。風味會變得濃郁，同時也能促進麵團的水合作用（Hydration；小麥粉吸收水分）。如此一來，麵包就能更容易在嘴裡化開，同時也能拉長麵團的保存期限。因為用少許的酵母就能製作出麵包，所以就不容易產生所謂的「酵母臭味」，這也是此種方法的優點之一。近年來，為了使作業更有效率，大部分的麵包店都是採用這種製作方法。

即便同樣是長時間發酵，發酵的效果仍會因發酵溫度而改變。通常都是在冰箱（5℃以下）裡放置一晚。在17℃左右的偏高溫度下，小麥粉或酵母的酵素會促進小麥粉的分解，產生更多的風味成分。

中種發酵法

將一部分的小麥粉、酵母、水（有時也會添加砂糖等副材料）揉捏在一起，製作中種，然後再花費數小時至整晚的時間發酵。之後，進入正式揉捏，把剩餘材料和中種混在一起，製作出麵團。

麵團經過2次揉捏後，麩質會更加強韌，麵包的體積會變得更大，同時也能促進麵團的水合作用，保存期限也會拉長。麵包製造商販售的袋裝麵包、甜麵包或吐司，都是採用這種製作方法。

自我分解法

混合攪拌（參考p.123）之前，在不添加麵包酵母的情況下，將粉和水混合在一起。以這種方式進行水合作用（參考p.123），使麵團更易入口，同時，酵素會分解小麥粉

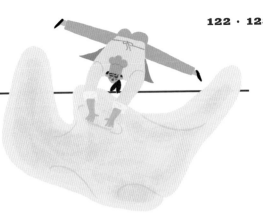

的成分，就能產生甜味和香氣。通常大約是靜置30分鐘左右，不過，最近也有人會採用放置數小時至一個晚上的長時間自我分解法。

波蘭種

低糖油成份配方（Lean）經常採用，這種把小麥粉、酵母、大量的水混合在一起，靜置一個晚上的製造方法。酵母會讓麵團產生獨特的風味，同時也會更加酥脆，保存期限也比較長。

糊化

生的澱粉與水混合加熱後，麵團就會變得更加柔軟、濕潤、入口即化，同時也會產生甜味，讓麵包變得更加美味，這種現象就稱為糊化。麵包麵團在烤箱內加熱後，就會產生澱粉的糊化。

比起一般製法的麵包，能夠更加促進澱粉糊化的製法是，湯種或高含水量的製作方法。其特徵就是在增加甜味的同時，不論經過多少時間都不會變硬。

在自己家裡回烤麵包的情況也是相同。只要在烘烤前，利用噴霧器等添加水分，就能促進糊化，讓麵包變得更加柔軟、更容易入口。

湯種

預先用熱水揉捏一部份的小麥粉，藉此促進糊化（參考糊化的說明）的製造方法。

高含水量

就是在麵團裡面添加大量的水。通常，水相對於粉末的比例大約是70%左右，當添加的水量達到80%或更大量，甚至超過100%的時候，就稱之為高含水量（多加水）。高含水量能夠促進糊化（參考糊化的說明），讓麵包的口感更加柔軟、Q彈。

水合作用

小麥粉充份吸收水分的作用。小麥粉會隨著時間的增加，慢慢吸收水分。只要拉長發酵時間或採用自我分解法，就能夠讓小麥芯吸滿水分。水合作用的效果請參考自我分解法的說明。

捶打

在發酵過程中，拉扯、拍打麵團的作業。主要目的是使麩質更加強韌、使空氣互換，讓酵母的活動更加活躍、使氣泡的大小更加均勻。有句話是這麼說的，「美味麵包就是要靠捶打」。這句話的意思是說，製作麵包的最高技巧是，不能只靠攪拌機，同時還要憑感覺，一邊觀察麵團的狀態，一邊運用捶打製造出麩質，才能製作出柔軟的麵包。

混合

揉捏麵團的意思。麵包店的麵包師傅都是採用電動攪拌機進行混拌。麩質會在材料均勻混拌的同時形成，最終製作出具延展性與彈性的麵團。揉捏的力度越強、時間越長，麩質就會更加強韌，體積增大，另一方面，麩質變硬後，麵團會變得不易咀嚼，同時，因為長時間接觸空氣，所以麵團的酸化會加重，就容易導致風味流失。相反的，應該避免揉捏過度的麵包是p.20的洛斯提克麵包、洛代夫麵包，所以這些麵包會殘留著濃郁的小麥風味。

最近，手工揉捏麵團已經是全球性的趨勢。因為手的力度比機械弱，所以麩質就不會變得那麼強韌。因此，就能製作出鬆軟的麵包。

酵素

附著在小麥粉或酵母上的酵素，會在（製作麵包時）和水混合之後開始活動。酵素會分解小麥粉裡面的蛋白質和澱粉，釋放出甜味來源的糖和胺基酸等物質。長時間發酵，能夠使風味變濃郁，便是因為如此。不光如此，同時還有一種不會促進發酵（不讓酵素活動）的新鮮美味。

酵素所創造出的美味有各種不同的因素，並不會朝同一個方向演變。促進發酵或是停止發酵？多或少？不管是朝哪個方向發展，都會有各不相同的美味。這就是麵包的樂趣所在。

●分布＆種類　　世界各地，每天都可以吃到各式各樣的麵包。這裡以日本容易購買且本書刊載的麵包為主，
　　　　　　　介紹各國或地區的麵包。

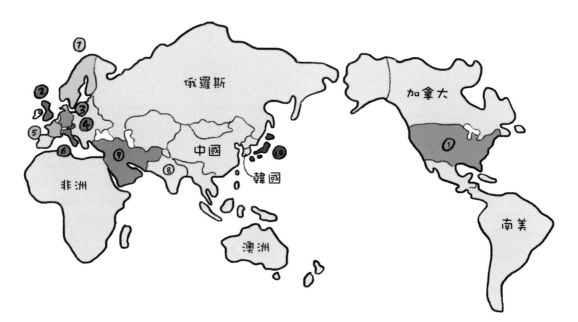

⓵ 美國
貝果（p.104）
麵包（美式漢堡麵包）
舊金山酸種麵包
甜甜圈（p.114）
瑪芬
肉桂捲

⓶ 英國
英式吐司（p.50）
英式瑪芬（p.82）
英式烤餅（p.88）
司康

⓷ 德國
裸麥麵包（p.90）
椒鹽卷餅（p.100）
德式聖誕麵包
柏林果醬包

⓸ 澳洲
凱薩麵包
葵花籽麵包
鹽棒

⓹ 法國
長棍麵包
　（其他長棍麵包麵團的麵包／p.6）
坎帕涅麵包（p.26）
洛斯提克麵包（p.20）
洛代夫麵包（p.20）
可頌（p.38）
布里歐麵包（p.48）
貝涅餅

⓺ 義大利
佛卡夏（p.74）
拖鞋麵包（p.75）
麵包棒
玫瑰麵包
潘娜朵尼
潘多洛麵包

⓻ 北歐
裸麥麵包（p.90）
裸麥脆麵包（p.90）
肉桂捲
丹麥麵包

⓼ 印度、巴基斯坦
印度烤餅
炸麵餅
印度麥餅（p.117）

⓽ 中東
皮塔餅（p.63）

⓾ 日本
吐司（p.50）
午餐麵包（p.64）
奶油捲麵包（p.65）
鹹麵包（p.73）
咖哩麵包（p.73）
紅豆麵包（p.72）
菠蘿麵包（p.72）
奶油麵包（p.73）
果醬麵包（p.73）

●各國、各地區的麵包依主食麵包、鹹麵包、甜麵包的順序刊載。

● 美味麵包的挑選方式

常有人問，「要怎麼挑選美味的麵包？」「怎麼判斷哪家麵包店才有美味麵包？」如果知道挑選的方法，那就太棒了。聽說只要平時多加留意外觀和味道，對麵包的感覺自然就會變得敏銳。以下就提供一些可以作為參考的線索。

1 相信直覺

麵包沒有絕對的標準。麵包的標準因人而異。只要覺得「漂亮」、「好像很好吃」，那個麵包對你來說就是好麵包。「這個麵包好吃嗎？」只要經常抱持著這樣的想法，自然就能摸索出個人專屬的標準。把外觀和品嚐時的味道串聯起來，在腦中建立起資料庫吧！最後，自然就能慢慢培養出判斷美味麵包的直覺。

2 氣味

就某種意義來說，氣味應該是個不走進麵包店，也能知道「這是不是一間美味麵包店」的方法（雖說並非絕對）。如果連店外都飄散著美味的氣味，那就有走進店裡的價值。氣味是不會騙人的。透過氣味，就可以知道麵包店使用的是人造奶油，還是奶油。發酵的香味、剛出爐的香味，全都是美味的象徵，氣味越是豐富，就代表麵包越是美味。甚至還能透過氣味去預測麵包的製作方法。

3 烤色

麵包的烤色是更容易掌握美味與否的線索。只要烤色均勻，或許就代表麵包師傅有著很不錯的手藝（柴窯會使烤色不均，所以就不在此限）。

只要有濃厚的烤色，就代表麵團裡面有足夠的糖分殘留，那樣的麵包就可能好吃。另外，因為烤得非常徹底的關係，風味也會變得比較濃郁。可是，烤色較淺的麵包，並不代表不夠美味喔！畢竟有時刻意淺烤，是為了充分發揮小麥等食材的風味。

請看看麵包底部的烤色。烤箱內部有上火和下火。上火的熱度如果太高，焦黑的外觀就會讓麵包的賣相變差，所以麵包師傅往往會調降上火的熱度。因為很少有人會察看麵包的底部，所以下火就會採用較高的熱度，藉此讓麵包徹底熟透（換言之，烤色比較明顯）。這樣的麵包店似乎比較值得信賴。

4 美麗的形狀

只要店內陳列的每個麵包都有著完全相同的形狀、顏色，就代表麵包師傅著十分精湛的手藝。可是，發酵種的麵包比麵包酵母（酵母菌）更難控制形狀和顏色，所以就不能用來相提並論。另外，日本產小麥等原料也一樣，由於各批次都會有些微差異，所以就很難經常性地製作出相同形狀。

鬆軟膨脹的麵包看起來很漂亮，似乎非常美味，但是，麵包膨脹之後，味道往往會變淡，所以不一定好吃。反之，體積沒那麼大的麵包，味道反而比較濃，就可能比較美味。沒有整形的麵包也一樣，因為整形的情況抑制在最小限度，不會對麵團造成壓力，所以就可能比較好吃。就像這樣，因為各有矛盾的原因存在，所以很難一概而論，不過，這正是麵包有趣的地方。

5 漂亮的內相

麵包切開後的剖面稱為「內相」。以長棍麵包來說，大小不均的氣泡就是漂亮的內相，而吐司的漂亮內相就是細膩且大量的均勻氣泡。大小不均的氣泡，讓麵包在嘴裡更容易化開，細膩的氣泡則會產生柔滑的口感。如果氣泡沒有膨脹，看起來十分緊密的話，口感就不會太好。感覺閃閃發亮的半透明氣泡，代表著水和作用十分徹底（參考p.123），就能產生在嘴裡化開的口感。氣泡的膜如果比較薄，麵包也容易在嘴裡化開。觀察內相的時候，請想像一下海綿。只要有容易吸進唾液的氣泡，那種麵包應該就能入口即化。

用手指摸摸看，只要有涼爽的觸感，那就是濕潤的證據。觸感軟Q就是日本產小麥，充滿彈性就是高含水量（參考p.123）。

●品鑑的方法

談論麵包的時候，如果只是以「好吃」、「不好吃」這樣的評論收場，未免太過無趣。麵包各自有著不同的個性。如果在品嚐麵包的同時，能夠有更進一步的了解、記錄、和某人分享或是討論，應該會比單純的品嚐來得更加快樂。以下就來看看麵包的品鑑方法吧！

品鑑的八個步驟

吃的行為分成八個步驟。只要表現出每個步驟的感覺，再將其合併起來，就能夠表現出麵包的整體形象。剛開始或許不知道該怎麼說，找不到適當的形容詞，同時也可能害怕自己形容錯誤。其實在許多情況下，直接了當地說出自己的感受，正是讓麵包變得與眾不同的方法。有時或許會聯想不到足以表現感受的形容詞。那個時候，有可能你正在發掘一種全新的麵包風味。

以下在說明各個步驟的同時，也順便列出了形容詞的範例。請務必參考看看。

1 外觀　視覺

首先，先從視覺開始。也就是所謂的外觀。麵包光是外觀就有很多部分值得談論。請參考p.125「美味麵包的挑選方式」1、3、4。

- 顏色是黑色／偏白／偏紅
- 棕色／金黃色／深棕色
- 烤得很漂亮
- 刀痕鮮明
- 好像很軟／好像很硬
- 粗糙／光滑
- 油亮／霧面
- 份量十足／沒什麼份量
- 疙瘩（麵包的表面有小水泡）

2 觸摸　觸覺

拿起時的重量、觸摸時的觸感、切割時的手感，全都是非常重要的資訊。試著把感受到的感覺化成字句吧！

- 重／輕
- 光滑
- 粗糙
- 凹凸不平
- 冰涼
- 軟綿
- Q彈
- 喀喀（聲響）

3 內相　視覺

除了表面的外觀，也要觀察內部。尤其氣泡被稱為「發酵的履歷」。請參考p.125「美味麵包的挑選方式」5。

- 黃色／白色／褐色
- 顏色偏深／偏淡
- 透明感
- 油亮
- 漂亮的氣泡
- 不均勻的氣泡
- 氣泡堵塞
- 氣泡凹凸不平
- 氣泡膜較薄／較厚
- 有顆粒（麥糠）
- 延展性很好（縱長的氣泡）

4 香氣（Aroma）　嗅覺

試著表現出聞麵包的時候，竄入鼻腔內的香氣吧！香氣就是細微香味成分竄入鼻腔內的香味。這裡的香氣和7的風味（從嘴裡竄進鼻腔的香氣）是完全不同的喔！

- 焦香
- 發酵的香氣
- 嗆辣
- 甜味
- 苦味
- 酸味
- 果香
- 麵包酵母（酵母菌）的氣味
- 小麥粉和水混合時的氣味
- 奶油般的氣味
- 起司般的氣味
- 杏仁般的氣味
- 榛果般的氣味
- 橄欖油般的氣味
- 葡萄酒般的氣味
- 咖啡／可可亞般的氣味
- 醬油／味噌的氣味
- 蝦米的氣味
- 大豆／黃豆粉的氣味
- 芝麻的氣味

5 口感　咬

終於來到品嘗階段了。一開始的動作是咬。只要把麵包皮和麵包芯分開，就能夠更容易精準感受。啃咬麵包皮的衝擊會讓牙齒震動，只要仔細感受傳達到大腦的骨骼感受，就能更容易把那種感受轉換成擬聲詞。另外，嘴唇的碰觸方式、舌尖的感受等，也包含在口感的評價裡面。

● 麵包皮

・薄脆	・堅硬
・香脆	・宛如薄烤仙貝
・硬脆	・威化般的崩壞感
・酥脆	

● 麵包芯

・紮實	・軟綿
・通透	・黏糊感
・蓬鬆	・軟Q
・濕潤	・鬆軟
・Q彈	

6 在嘴裡融化　品嘗（前）

口腔裡面的麵包碰觸到舌頭時，就會產生味道。在此同時，麵包會和唾液混合在一起，並開始融化，口腔裡的味道就會逐漸改變。麵包在嘴裡融化的方式，也是非常重要的要素。

● 味道

・甜／辣／苦／鹹／酸
・鮮味
・醇厚
・濃郁
・奶油味

融化方式

・快速（入口即化）／慢（不易入口）／乾噎
・順口
・香甜
・滑溜
・鬆軟
・入口即化

7 風味（Flavor）　品嘗（後）

這裡的風味是指麵包融化在唾液裡的水溶性香味成分，從鼻腔竄出時的香氣。和舌尖感受到的味道是不同的。據說口腔感受到的味道，有9成都來自於風味（Flavor）。風味越是豐富或持續時間越久，就代表小麥或裸麥的品質越高。

・奢華	・澱粉感
・清爽	・像烏龍麵
・純淨	・像白米飯
・油香	・像起司
・花香	・像玉米
・辛辣	
・穀物	

・果香（甜瓜／桃／蘋果／香蕉）
・堅果（芝麻／杏仁／花生／榛果）
・根莖蔬菜（芹菜／蘿蔔／蓮藕）
・酒香（白蘭地／葡萄酒）

8 過喉感　餘韻

麵包吞嚥時、吞進肚子之後，味道、口感仍然存在。就是所謂的過喉感、吞嚥後的餘韻。

● 過喉感

・喉間感受到甜味
・順口（很好吞嚥）

● 餘韻

・鮮味
・酸味
・甜味
・爽口
・辛辣
・餘韻猶存
・討厭的味道殘留

●保存方法

麵包會從出爐的瞬間開始慢慢劣化。所以，基本上應該盡早食用完畢，如果沒辦法盡快吃完的時候，就要透過巧妙的保存方法，延長麵包的壽命。

1 常溫保存

麵包剛出爐的時候，為避免蒸氣導致麵包皮變軟，通常都會把麵包裝在紙袋裡面（硬式麵包或可頌等）。麵包完全冷卻後，請馬上放進塑膠袋，防止乾燥（這個時候，最好盡可能排出空氣）。

2 冷凍保存

把麵包放進夾鏈袋密封。盡可能排出空氣（把裝進麵包的部分靠在桌子邊緣，使夾鏈袋呈現直角，把夾鏈袋的上方朝桌子的平面推壓，這樣比較容易擠出空氣）。只要預先把麵包切成容易食用的大小，就可以直接加熱或回烤，不用使用微波爐。也可以同時把切口切好（參考p.55），這樣內層會更快受熱。另外，可以把日期寫在卡片上面，一起放進夾鏈袋裡面，就不會有忘記購買日期的問題。

3 冷凍後回烤

用噴霧器把水噴在麵包的正反面，再放進烤箱回烤（也可以從水龍頭接水噴灑）。回烤的時間要比常溫保存的情況多30秒左右。

●保存時的注意事項

試味道

第一次購買的麵包，在保存之前，應該盡快品嚐，就算只有一口也好。建議藉此感受一下麵包的最佳狀態。

計畫

購買後的隔天可以吃完的麵包，採用常溫保存，若是更久之後才要吃的麵包，建議採用冷凍保存。因此，依照品嚐時間擬定計畫，把必要的部分冷凍起來吧！

坎帕涅麵包或裸麥麵包等使用發酵種或裸麥的麵包，可常溫保存5天至一星期（參考p.37）。可是，如果是高溫的夏天，就放進冰箱保存吧！

●麵包的切法

為避免變形、扁塌，切的時候要多加留意下列事項。

1

正對麵包，讓麵包的上方和兩邊的側面都在視線範圍內。如果視線偏掉，刀子的方向往往也會跟著偏掉。

2

切的時候，不要把刀子往下壓，要採用前後大幅挪移的方式。刀子移動的動作越大，切口就會越漂亮。如果往下壓切，不是切不太動，就是會導致麵包扁塌。

・打算回家後馬上吃，或是馬上冷凍的時候，也可以請麵包店用電動切片機預先幫忙切好（並非所有麵包店都有提供類似服務，要多加注意）。

・坎帕涅麵包那種麵包皮較厚且尺寸較大的硬式麵包，使用鋸齒刀會比較容易切。如果是吐司等麵包，只要用家庭用的一般菜刀，就可以切得十分漂亮。

・用吐司製作三明治等，要求完美切口的時候，只要先用瓦斯爐或熱水等加熱刀子，就可以切出完美的切口。

麵包食材食譜集

包含 p.115 之前所刊載的食譜在內，
依照各食材介紹經典至應用，
適合搭配麵包的食譜。

使用本書食譜時的補充事項

●「鹽巴」使用海水鹽（有濕氣的鹽巴）。

●「胡椒」是研磨的黑胡椒。盡可能使用現磨的。

●「植物油」請使用香氣沒有腥味的純植物油（菜籽油等），或是沙拉油。

●「橄欖油」請使用特級冷壓橄欖油（初榨）。

●只有寫「奶油」的話，請使用「有鹽奶油」。

●食材（蔬菜為主）標示的g數為參考數值，如果有20～30左右的誤差，也沒有關係。

●使用罐頭或水煮食材時，標示的g數是排除掉湯汁等液體重後的固體份量。

●食譜的份量，基本上是容易製作的份量。有些食譜標示的是具體完成後的用量。

●「製作方法」的蔬菜處理方式，省略了部分的標記。蔬菜（菇類除外）請充分清洗乾淨，用廚房紙巾把剩餘的水分擦乾後再使用。

●微波爐使用500W。使用600W時，只要利用公式「500÷600×記載的加熱時間」計算，就可以算出600W的加熱時間（例如，用500W的微波爐加熱3分鐘，套用的公式就是500÷600×3=2.5，因此，600W的情況就是2分鐘30秒）。

●沒有食物調理機的時候，請用果汁機、手持攪拌機等機器代替使用。沒有機器時，請改用擂缽，或是用菜刀把食材切碎。

●烹調器具（平底鍋或鍋子）的材質是氟素加工樹脂時，先倒入少量的油（嚴禁大火）。材質為鐵或不鏽鋼的時候，請用中火～大火確實加熱後再倒油，等油熱之後再放進食材。火的強度和倒油的時機，會因烹調器具的材質而有不同，所以本書才會採用「放進用中火加熱橄欖油的鍋裡」這樣的寫法。

●製作油醋醬（沙拉醬）等時候，有特別標示使用「小的打蛋器」，如果沒有的話，請用小的叉子取代。

●顆粒香料（種籽或顆粒狀）請使用杵臼等稍微搗碎。如果沒有杵臼，請改用擂缽或菜刀，盡可能切碎。

●材料中偶爾需要使用到檸檬皮。檸檬皮以國產尤佳，非產季的寒冷時期，就把檸檬皮放進夾鏈袋，冷凍保存吧！磨成泥的時候，就直接把冷凍狀態的檸檬皮磨成泥。切絲的時候，就等自然解凍後，去除白色的部分，再切成絲。

●材料中偶爾需要使用到新鮮的香草。香草沒有使用完的時候，清洗後，把水確實瀝乾，放進夾鏈袋，冷凍保存吧！雖然香氣比不上新鮮的香草，但至少可保留下顏色。比起乾燥，比較推薦冷凍。可是，唯獨羅勒的處理方式不同。羅勒建議清洗後，確實瀝乾水分，放進橄欖油裡面浸泡。這樣比較容易使用於料理，同時，也能品嚐到羅勒的風味。

食材食譜的使用方法

關於索引

●請對照p.129～131的索引，試著用手邊的食材，製作適合搭配麵包的料理或三明治。

●刊載在食材名稱、食譜名稱旁邊的（p.000）是，刊載解說、食譜、品嚐方法的頁數。p.132以後，刊載在食材名稱、食譜名稱旁邊的（參考p.000）則是「食材食譜集」的頁數。

●p.6～115的食譜，基本上是寫在主要材料的部分。例外部分則是寫在沙拉的菜葉蔬菜，以及主材料的兩個部分。

關於註解

●各素材都介紹了「搭配的麵包」、「推薦吃法」，不過，介紹的內容只不過是一小部分的範例。基本上，麵包適合搭配任何食材或料理。請不要害怕，試著和個人喜歡的麵包或可購買到的麵包搭配看看。當然，素材和素材都可以自由搭配。請務必試著挖掘出專屬於您自己的吃法。

●「搭配的麵包」僅有特別適合搭配的麵包時，才會依照搭配順序刊載。

●為避免重覆，「推薦吃法」採盡可能簡潔的寫法。若有不清楚的部分，請詳閱下方內容。

・麵包需要切的時候，請參考麵包章節的「切法」。

・麵包請務必抹上奶油或淋上橄欖油後（若是抹奶油起司的情況，就算沒有抹也沒關係），再夾上食材。

・食材中的「番茄片」等為厚度5mm的薄片。例外部分，小黃瓜請採用厚度2mm（盡可能使用削片器）、洋蔥請採用厚度3mm。

・胡椒的部分也有省略，請依照個人喜好使用。

雞蛋

雞蛋使用L大小。

水煮蛋［微熟／半熟／全熟］
→ p.8／p.16／p.19／p.73／p.96／p.103

【材料】

雞蛋 … 1顆

【製作方法】

❶ 在鍋裡倒進高度2cm的水，蓋上鍋蓋，用略小的中火加熱，把水煮沸。

❷ 把雞蛋從冰箱內取出，沖水後，放進①的鍋子裡面，蓋上鍋蓋，烹煮4分鐘。偶爾要晃動一下鍋子，讓蛋黃移動到雞蛋的正中央。

❸ 關火，在蓋著鍋蓋的情況下悶熟（微熟2～3分30秒／半熟4～6分／全熟13分）。

❹ 沖冷水，冷卻後，剝掉蛋殼。

雞蛋沙拉
→ p.67／p.108～p.110／p.111

【材料】

全熟水煮蛋（參考上述）… 1顆

美乃滋 … 1+1/2大匙（15g）

牛乳 … 1/2小匙

胡椒 … 少許

【製作方法】

❶ 製作全熟水煮蛋（參照上述），冷卻後切成細末。

❷ 把剩餘的材料放進小碗，充分拌勻。

❸ 把①的全熟水煮蛋放進②的小碗內，拌勻。

溫泉蛋
→ p.12／p.86／p.89

【材料】

雞蛋 … 1顆

水 … 150ml

醋（米醋等）… 1/2小匙

【製作方法】

❶ 把水和醋放進小碗，稍微混拌。

❷ 用微波爐（500W）加熱2分30秒，直到沸騰。

❸ 把雞蛋打進②的小碗，用牙籤在蛋黃上面刺1個洞。

❹ 用微波爐（500W）加熱40～50秒，加熱至蛋白呈現泛白。

❺ 把④的熱水倒掉，用鋪了廚房紙巾的濾網撈起來。用廚房紙巾包覆擠壓，調整形狀。

荷包蛋
→ p.47／p.84／p.110

【材料】

雞蛋 … 1顆

植物油 … 1大匙

鹽巴、胡椒 … 各少許

【製作方法】

❶ 把雞蛋打進用中火把油加熱的平底鍋。利用蛋殼，把蛋黃撥到蛋白的正中央。

❷ 用鍋蓋把①蓋起來，加熱至個人喜好的硬度。

❸ 用鹽巴、胡椒調味。

＊步驟①的時候，也可以在雞蛋上面撒上半硬質起司或硬質起司。

調味油的荷包蛋
→ p.84

【材料】

雞蛋 … 1顆

橄欖油 … 1大匙

鹽巴 … 少許

【製作方法】

❶ 把橄欖油、調味用的材料放進平底鍋，開小火加熱，讓材料的香味轉移到油裡面。

❷ 把雞蛋打進①的平底鍋裡面，利用蛋殼，把蛋黃撥到蛋白的正中央。

❸ 用鍋蓋把②蓋起來，加熱至個人喜好的硬度。

❹ 用鹽巴調味。

調味的材料（相對於1大匙橄欖油的份量）

・辣椒風味（p.32）

蒜頭（薄切）… 3片、辣椒（切片）… 3條

・堅果風味

杏仁或榛果等 … 10g

・孜然風味（p.14）

孜然（種籽）… 1/8小匙

＊調味用材料是辛香料時，可以稍微搗碎，釋放出香味。如果是堅果的話，就切碎成個人喜好的碎粒。

炒蛋／原味煎蛋捲
→ p.43／p.46

【材料】

雞蛋 … 1顆

鮮奶油（或牛乳）… 1大匙

奶油 … 5g

鹽巴 … 1/10小匙

胡椒 … 少許

【製作方法】

❶ 把雞蛋打進碗裡，用筷子確實打散。

❷ 加入鮮奶油和鹽巴，充分拌勻。

❸ 用中火加熱平底鍋，放入奶油。將平底鍋往前後左右傾斜，讓融化的奶油遍佈整個平底鍋的鍋底。

❹ 把③的材料倒進②的平底鍋。雞蛋的邊緣變硬後，用筷子攪拌，打入空氣，一邊加熱，直到整體呈現稠狀。

（炒蛋的情況）把鍋子從火爐上移開，撒上胡椒。（原味煎蛋

捲）折成三折，將兩面稍微煎出焦色，撒上胡椒。

蘑菇煎蛋捲

【材料】

雞蛋 … 1顆
鮮奶油（或牛乳）… 1大匙
奶油 … 10g
蘑菇 … 3朵
鹽巴 … 1/10小匙
胡椒 … 少許

【製作方法】

❶ 蘑菇切成厚度5mm的片狀。

❷ 利用與原味煎蛋捲（參考p.132）相同的❶、❷步驟去處理蛋液。

❸ 平底鍋用中火加熱，放進一半份量的奶油。將平底鍋往前後左右傾斜，讓融化的奶油遍佈整個平底鍋的鍋底。

❹ 把❶的蘑菇倒進❸的平底鍋，把蘑菇確實炒軟。

❺ 把剩下的奶油放進❹的平底鍋，把❷的原味煎蛋捲倒進奶油融化的位置。

❻ 這個步驟的製作方法和原味煎蛋捲的步驟❹相同。

❼ 把❻的煎蛋捲折成三折，將兩面稍微煎出焦色，撒上胡椒。

搭配的麵包
可頌／洛斯提克麵包／英式瑪芬

推薦吃法
·搭配平葉洋香菜（如果沒有，就選用個人喜好的菜葉蔬菜）一起夾著吃。

刺山柑煎蛋捲

【材料】

雞蛋 … 1顆
牛乳 … 1/2大匙
帕馬森乾酪（粉）… 10g
刺山柑 … 15～20粒
胡椒 … 少許
橄欖油 … 1大匙

【製作方法】

❶ 把雞蛋打進碗裡，用筷子把雞蛋徹底打散。

❷ 刺山柑切成對半。

❸ 把❷的刺山柑、牛乳、起司，放進❶的碗裡，充分拌勻。

❹ 把❸的材料倒進中火加熱橄欖油的平底鍋。

❺ 這個步驟的製作方法和原味煎蛋捲（參考p.132）的步驟❹、❺相同。

搭配的麵包
拖鞋麵包／佛卡夏／英式瑪芬

推薦吃法
·搭配生火腿（或義式肉腸／參考p.135）、芝麻菜一起夾著吃。

麵包丁蛋捲
→ p.8

【材料】（1人份）

雞蛋 … 2顆
鮮奶油（或牛乳）… 2大匙
康堤乳酪（磨成細屑／或乳酪絲）… 30g
蒜頭 … 1/2瓣（2.5g）
羅勒（生、葉／或巴西里）… 適量
鹽巴、胡椒 … 各少許
橄欖油 … 2大匙
長棍麵包（厚度1.5cm）… 2～3塊

【製作方法】

❶ 用蒜頭在麵包的兩面搓磨，切成1.5cm丁塊狀。將羅勒切成細末。

❷ 把雞蛋打進碗裡，用筷子把雞蛋確實打散。

❸ 把鮮奶油、起司、鹽巴、胡椒，倒進❷的碗裡，充分混拌。

❹ 平底鍋用中火加熱，倒入1大匙橄欖油和❶的麵包丁，翻炒。麵包丁呈現酥脆後，起鍋倒進調理盤。

❺ 把剩餘的橄欖油倒進平底鍋，橄欖油變熱後，倒入❸的材料，撒上❹的麵包丁和❶的羅勒。

❻ 用筷子攪拌，打入空氣，一邊加熱至個人喜歡的硬度。

Q嫩厚煎蛋捲
→ p.58

【材料】

雞蛋 … 3顆
牛乳 … 50ml
鹽巴 … 1/5小匙
砂糖 … 1小匙
美乃滋 … 1大匙

【製作方法】

❶ 把牛乳、鹽巴、砂糖放進碗裡，用微波爐（500W）加熱30秒，充分混拌。

❷ 把雞蛋打進另一個碗，用筷子把雞蛋徹底打散。

❸ 把❷的蛋液過濾到變冷的❶的碗裡，同時也加入美乃滋，充分混拌。

❹ 把❸的材料倒進底部大小與麵包尺寸相同（小於麵包尺寸也沒關係）、高度大於5cm的耐熱容器裡面，稍微蓋上保鮮膜。

❺ 用微波爐（500W）把❹的材料加熱1分30秒，並用筷子充分攪拌。

❻ ❺蓋上保鮮膜，用微波爐（500W）加熱30秒，用筷子充分攪拌。

❼ ❻蓋上保鮮膜，用微波爐（500W）加熱20秒。

一鍋端吐司
→ p.62

【材料】

雞蛋 … 1顆

奶油 … 10g

乳酪絲 … 15～20g

果醬（草莓）… 20g

吐司（8片切）… 1片

【製作方法】

❶ 麵包垂直切成2等分。

❷ 把雞蛋打進碗裡，用筷子把雞蛋徹底打散。

❸ 平底鍋用中火加熱，放進一半份量的奶油，加熱融化。

❹ 把②的蛋液倒進③的平底鍋，讓蛋液遍佈於鍋底，把①的麵包放在中央。馬上把麵包翻面，讓麵包的兩面都沾上蛋液。

❺ 連同雞蛋一起把④的麵包翻面，加入剩餘的奶油。依照麵包的尺寸，將超出麵包範圍的雞蛋往內折。

❻ 在⑤的半邊麵包鋪上起司，另一半邊鋪上果醬，再將麵包重疊起來。

❼ 把⑥的麵包翻面，持續煎至起司融化為止。

＊也可以用火腿取代果醬。

肉類加工品 p.31／p.32／p.49／p.108～p.110

火腿 p.43／p.46／p.84／p.103／p.110

日本國內的主流是里肌火腿，而歐洲都是使用去骨火腿（＝用豬腿肉製作的火腿）居多。本書建議使用肉類口感和風味比較強烈的去骨火腿（英式瑪芬和p.62則是例外，使用里肌火腿）。

其他，使用牛肉，味道濃郁的「燻牛肉」，或是使用火雞，味道清淡的「火雞火腿」等，用豬肉以外的肉類製作的火腿，也經常被使用於三明治。

搭配的麵包

燻牛肉搭配裸麥麵包／加了芝麻的麵包、火雞火腿搭配白麵包

醃泡去骨火腿
→ p.9

【材料】

去骨火腿 … 2片（40g）

白葡萄酒（辣口尤佳）… 適量

胡椒 … 少許

【製作方法】

❶ 把火腿放進密封容器（可以重疊），倒入白葡萄酒，淹過火腿，撒上胡椒。

❷ 把①的密封容器放進冰箱，至少放置10分鐘。使用時，用廚房紙巾稍微擦乾火腿上面的白葡萄酒。

推薦吃法

・只要是使用火腿的三明治，都適合使用。

沙拉雞肉

2000年之後，日本國內開發的雞肉加工品。若是三明治要使用，建議使用保留雞肉原形的原味（鹽味）口味。雖然口味清淡，但因為含有火腿那樣的鹽分，所以也可當成火腿的替代品。

搭配的麵包

白麵包

推薦吃法

・把沙拉雞肉切成骰子狀，用芥末粒拌勻，搭配萵苣一起吃。

・沙拉雞肉切成薄片，撒上胡椒，搭配洋蔥片、青椒片和美乃滋一起夾著吃。

生火腿 p.16／p.22／p.32／p.81／p.109／p.110

日本國內比較容易買到的外國進口生火腿是，西班牙的「白豬火腿」、「伊比利火腿」（使用伊比利豬，味道比白豬火腿更濃郁），還有義大利的「帕爾瑪火腿」、「義式原味臘肉」等。

白豬火腿和帕爾瑪火腿的製作方法有些微差異，前者的肉味十分濃郁，可充分感受到鮮味和鹽味，後者有濕潤的柔軟口感，鹽味恰到好處。

當然，「義大利的麵包就該用義大利的生火腿」，不過，除此之外，大家還是可以參考下列的建議，挑選麵包。另外，生火腿只要稍微加熱，就能產生不同的味道。

適合所有生火腿的麵包

長棍麵包／洛斯提克麵包／洛代夫麵包

適合白豬火腿、伊比利火腿、義式原味臘肉的麵包

裸麥麵包／坎帕涅麵包

適合帕爾瑪火腿、日本產生火腿的麵包

吐司／貝果

義大利臘腸／乾香腸 p.32／p.111

若是製作三明治，就使用米蘭薩拉米臘腸（直徑約10cm）等，面積較大的種類吧！直徑4cm左右的細臘腸適合用來製作披薩吐司（參考p.58）、開放式三明治。西班牙辣肉腸（參考p.32）是帶有辣味的香腸，本書使用的是薩拉米臘腸類型。

推薦吃法

・在拖鞋麵包或洛斯提克麵包的內側淋上橄欖油，搭配烤蔬菜（參考p.148）、薄削的帕馬森乾酪一起夾著吃。

香腸 p.66／p.94

下表是JAS（日本農林規格）的規定，不過，還是會因煙燻與否、絞肉方式等製作方法的差異，而有各式各樣的類型。

	維也納 香腸 p.49、p.71	法蘭克福 香腸 p.98	波隆那 香腸 p.99
歷史	塞進 羊腸裡面	塞進 豬腸裡面	塞進 牛腸裡面
大小	20mm以下	20mm以上 36mm以下	36mm以上
種類			義式肉腸 （義／p.80、p.81） 西德香腸 （德）

維也納香腸和法蘭克福香腸要加熱後再使用。建議「水煮→香煎」。先刺穿幾個孔，或是切出刀口，用80℃左右的熱水烹煮數分鐘後，再用少量的油把表面煎成焦黃色。

培根／義大利培根

基本上，每一種都是使用豬五花肉製成的加工品。

培根（p.73、p.85）是日本國產的主流，味道會因為品牌而大不相同。相較於整形成長條形的培根，比較推薦直接採用豬肉原形的培根。

義大利培根（p.32、p.37、p.87）的油脂有著獨特的鮮味和濃郁，用它來取代培根，就可以製作出更具層次的味道。盡量使用義大利產的培根吧！

酥脆培根

→ p.89／p.110／p.111

【材料】

培根 … 適量

植物油 … 少許

【製作方法】

❶ 培根對半切，放進用中火把油加熱的平底鍋，煎至酥脆程度。

速成酥脆培根

【材料】

培根 … 適量

【製作方法】

❶ 把培根切成對半。

❷ 把①的培根排放在鋪有廚房紙巾的耐熱盤裡面，上面再鋪上另一張廚房紙巾。

❸ 用微波爐（500W）加熱②的培根，一邊觀察加熱的狀態，逐次加熱30秒。

＊1cm方塊狀的培根也以相同的方式加熱。

楓糖貝果／蜜汁培根

→ p.47／p85／p.109／p.113

【材料】

酥脆培根 … 適量

楓糖漿（或蜂蜜）… 適量

【製作方法】

❶ 把楓糖漿倒進盤子裡，放入酥脆培根（參考上述）浸泡單面或雙面。

鹽醃牛肉 p.14

在日本國內，鹽醃牛肉通常都是指市售的牛絞肉罐頭，但在歐美則是指名為「Corned Beef」的「粗鹽醃牛肉」。用來製作三明治時，要先放進耐熱碗，用微波爐（500W）加熱（25g的話，大約是10～20秒左右），再把絞肉充分攪散。

推薦吃法

・裸麥麵包（輕盈）搭配德國酸菜（參考p.145）一起夾著吃。

午餐肉

把香腸的材料填塞在模型裡面所製成的肉類加工品，稱為「熟肉」，其中最具代表的商品就是「午餐肉」。厚度切成5～8mm，用少量的油把表面煎至焦黃後使用。

推薦吃法

・搭配高麗菜絲、美乃滋一起夾著吃。

・搭配柴魚煎蛋（把2顆雞蛋和放入1/4包日式高湯的2大匙水放在一起攪拌，製作成煎蛋）、萵苣、粉紅醬（美乃滋：番茄醬＝1：1）一起夾著吃。

牛肉

檸檬草牛肉

→ p.13

【材料】（4個貝果的份量）

薄切牛肉 … 150g

洋蔥 … 1/2顆（125g）

醃醬

　蒜頭 … 1/2瓣（2.5g）

　檸檬草（乾、葉）… 10支

　水 … 2小匙

　砂糖 … 2小匙

　小蘇打粉 … 1/3小匙

　蠔油 … 1大匙

　越南魚露 … 1大匙

　蜂蜜 … 1小匙

　胡椒 … 1/4小匙

植物油 … 1/2大匙

【製作方法】

❶ 製作醃醬。蒜頭磨成泥，檸檬草用剪刀盡可能剪成細末。

❷ 把水、砂糖、小蘇打粉放進碗裡，用小的打蛋器攪拌，使砂糖充分溶解。

❸ 把①的材料和剩餘的材料放進②的碗裡，充分混拌。

❹ 把牛肉放進③ 的碗裡面，充分搓揉。蓋上保鮮膜，至少在冰箱內放置1小時。

❺ 洋蔥薄切，牛肉把多餘的醃醬（留著備用）去除。

❻ 把⑤的洋蔥放進用中火把油加熱的平底鍋裡面，翻炒至洋蔥變得透明。

❼ 把⑤的牛肉放進⑥的平底鍋，炒1～2分鐘。

❽ 把⑤的醃醬倒進⑦的平底鍋裡面，稍微熬煮。

速成烤牛肉
→ p.60

【材料】

薄切牛腿肉 … 250～300g

鹽巴 … 1/4小匙

胡椒 … 適量

橄欖油 … 1大匙

【製作方法】

❶ 把牛肉放進碗裡，撒上鹽巴、胡椒，用手稍微搓揉。

❷ 把①層狀重疊在攤開的保鮮膜上面，製作出厚度3～4cm的肉塊。整體撒上胡椒。

❸ 用保鮮膜覆蓋②的牛肉，至少在冰箱內放置10分鐘。

❹ 放進用中火加熱橄欖油的平底鍋，上下兩面各煎2分鐘，4個側面分別煎1分鐘，將整體煎成焦黃色。

❺ 依照鋁箔紙、廚房布的順序，把④的牛肉包起來，在室溫下放置15分鐘。

自製鹽醃牛肉
→ p.112

【材料】（2個貝果的份量）

牛肩胛肉肉塊 … 300g

洋蔥 … 1/2顆

鹽巴 … 10g

月桂葉 … 2片

胡椒（黑、整顆）… 10粒

【製作方法】

❶ 在整塊牛肉搓入鹽巴，放進夾鏈袋。至少在冰箱內放置一晚。

❷ 把①的牛肉放進鍋裡，倒入幾乎淹過牛肉的水（份量外）、切成4等分的洋蔥、月桂葉、稍微壓碎，釋放出香氣的胡椒，蓋上鍋蓋，用大火加熱。

❸ ②沸騰後，撈除浮渣，再次蓋上鍋蓋，用小火熬煮1小時～1小時30分鐘。

❹ 牛肉變軟後，從鍋裡取出，放在調理盤上，在室溫下放涼。

推薦吃法

・用烤過的吐司，搭配萵苣芥末（參考p.142）一起夾著吃。

雞肉 p.30

蒸雞肉／烤雞肉／煎雞肉
→ p.110

【材料】

雞腿肉 … 1片（300g）

鹽巴 … 1/4小匙

白葡萄酒（或日本酒）… 1大匙

橄欖油（或植物油）… 1大匙

蒜頭（泥）… 1瓣（5g）

【製作方法】

❶ 雞肉用流動的水清洗乾淨，用廚房紙巾確實擦乾水分。用叉子在雞皮上刺出幾個洞。

❷ 把①的雞肉、剩餘的材料，放進耐熱碗，充分搓揉。

❸ ②的碗蓋上保鮮膜，至少在冰箱內放置15分鐘。

❹ （蒸雞肉）在蓋著保鮮膜的狀態下，用微波爐（500W）加熱約2分鐘，翻面，再加熱約2分鐘。

（烤雞肉）從碗裡取出，用加熱至220℃的烤箱，雞皮朝上，烤40分鐘左右。如果感覺表面好像快烤焦的話，就蓋上鋁箔紙。

（煎雞肉）雞皮朝下，放進用中火加熱1大匙橄欖油（份量外）的平底鍋，煎至雞皮呈現焦黃色。翻面，改用小火，蓋上鍋蓋，煎至中心熟透。

搭配蒸雞肉的麵包

長棍麵包／吐司（全麥粉、芝麻）／貝果（全麥、芝麻）

蒸雞肉的推薦吃法

・搭配越式法國麵包用涼拌胡蘿蔔絲（參考p.146）、芫荽（生）一起夾著吃。

・把花生美乃滋（參考p.153）抹在麵包上面，搭配萵苣一起夾著吃。

烤雞肉／煎雞肉的推薦吃法

・把迷迭香美乃滋（參考p.153）抹在雞肉上面，搭配個人喜歡的菜葉蔬菜一起夾著吃。

・把芥末＆胡椒奶油（參考p.156）抹在麵包上面，搭配用平底鍋煎過，撒上香草鹽的番茄片一起夾著吃。

雞肉火腿

【材料】

雞胸肉 … 1片（300g）

砂糖 … 1大匙

鹽巴 … 1小匙

胡椒 … 適量

月桂葉 … 2片

【製作方法】

❶ 把雞肉放進夾鏈袋，在兩面撒上砂糖、鹽巴，將夾鏈袋封起來，充分搓揉。

❷ 把①的夾鏈袋放進冰箱，至少放置一晚。

❸ 用流動的水沖洗②的雞肉，用廚房紙巾確實擦乾水分。

❹ 在③的雞肉中央切出刀痕，將左右剖開，使雞肉平均攤平（觀

音切）。

⑤ 把④的雞皮朝下，放在30×30cm方形的保鮮膜上面，在整體撒上胡椒。

⑥ 把⑤的雞肉從前往後捲，用保鮮膜包起來，兩端用棉繩綁緊。

⑦ 用鍋子煮沸大量的熱水，放入⑥的雞肉和月桂葉，用中火烹煮20分鐘。

⑧ 關火，直接放置10分鐘。

＊熱熱吃、冷冷吃，都好吃。
冷冷吃的時候，就等變涼後，在包著保鮮膜的狀態下，直接放進冰箱。

推薦吃法

· 芥末（參考p.153）抹在雞肉火腿（切成5mm厚片）上面，搭配洋蔥片一起夾著吃。

· 把芝麻美乃滋（參考p.153）抹在雞肉火腿（切片成厚度5mm）上面，搭配菜葉蔬菜一起夾著吃。

熟食冷肉 p.30／p.32／p.49

此類別主要介紹自製食材。除了油封雞胗之外，推薦吃法、搭配的麵包全都相同，所以這裡就先把推薦吃法彙整在下方。市售的熟食冷肉也是相同的吃法。

推薦吃法

· 和麵包一起上桌，抹在麵包上品嚐。

· 依序在麵包塗抹上奶油、法國第戎芥末醬（如果有的話），搭配酸黃瓜（參考p.148）夾在一起吃，或做成開放式三明治。

肉凍

→ p.32／p.49

【材料】（18×8×高度6cm的磅蛋糕模型1個）
豬絞肉 … 500g
雞肝 … 80g
義大利培根 … 80g
雞蛋 … 1顆
蒜頭（泥）… 1瓣（5g）
鹽巴 … 1小匙
洋酒（白蘭地、威士忌等）… 1大匙
胡椒（黑、整顆）… 15粒
月桂葉 … 2片

【製作方法】

❶ 雞肝去除脂肪、筋、血塊，用流動水沖洗乾淨（若怕有腥味，可用牛乳／份量外浸泡一段時間），用廚房紙巾把水分擦乾。

❷ 把①和義大利培根切成細末。

❸ 把絞肉、②的材料、鹽巴放進碗裡，用手充分揉捏，直到產生黏稠感。

❹ 把雞蛋、洋酒放進③的碗裡，充分混拌，直到雞蛋與肉充分地混合。

❺ 把④稍微壓碎，產生香味的胡椒放進的碗裡，稍微混拌。

❻ 把奶油（份量外）抹在模型的內側，用橡膠刮刀把⑤的材料填塞進模型裡面。把表面抹平，鋪上折成對半的月桂葉。

❼ 把鋁箔紙覆蓋在⑥的模型上面，用牙籤在鋁箔紙上面扎出幾個氣孔。

❽ 把⑦的模型放在倒滿熱水的烤箱裡面，用加熱至180℃的烤箱烤50分鐘。

❾ 把⑧的鋁箔紙撕開，進一步烤10～20分鐘，直到表面呈現焦黃色。

豬肉醬

→ p.32／p.33

【材料】
豬五花肉肉塊 … 300g
洋蔥 … 1/2顆（125g）
蒜頭 … 4瓣（20g）
百里香（生／如果有的話）… 2支
橄欖油 … 1大匙
白葡萄酒 … 50ml
水 … 200ml
鹽巴 … 3/4小匙
月桂葉 … 2片
胡椒（黑、整顆）… 5粒

【製作方法】

❶ 豬肉切成一口大小。洋蔥切成碎粒，蒜頭切成對半，拍碎。

❷ 把橄欖油、①的蒜頭放進鍋裡，用中火加熱，加熱至蒜頭稍微上色。

❸ 把①的豬肉，油花朝下，放進②的鍋裡，炒至上色。蒜頭呈現焦黃色後，取出備用。

❹ 把①的洋蔥放進③的鍋裡，炒至洋蔥變透明。

❺ 把白葡萄酒倒進④的鍋裡，炒至酒精揮發。

❻ 把水、鹽巴、折成對半的月桂葉、帶枝葉的百里香、稍微壓碎，釋出香味的胡椒、③的蒜頭，放進⑤的鍋裡，蓋上鍋蓋，用大火加熱。

❼ ⑥煮沸後，撈除浮渣，再次蓋上鍋蓋，用小火燉煮約1小時。燉煮過程中，如果水量減少，就再添加少量的水（份量外）。

❽ 肉變軟之後，把鍋子從火爐上移開，去除香草類的材料。

❾ 用手持攪拌機把⑧的材料攪成細碎。試味道，如果不夠鹹，就用鹽巴（份量外）調味。

❿ 再次用中火加熱⑨的材料，燉煮至渾濁的豬油呈現透明。只把油脂撈除，放到另一個碗裡面（如果燉煮2～3分鐘後，油脂仍然不會浮出，就把鍋子從火爐上移開）。

⓫ 把⑩的豬肉部分裝進煮沸消毒過的保存瓶裡面，倒進⑩的油脂，蓋上瓶蓋。

簡易雞肝醬
→ p.32／p.94

【材料】（約150ml）

雞肝（不要使用雞心）… 100g

牛乳 … 100ml

奶油 … 70g

鹽巴 … 1/2小匙

植物油 … 1大匙

洋酒（白蘭地、威士忌等）… 1大匙

胡椒 … 少許

【製作方法】

❶ 雞肝去除脂肪、筋、血塊，用流動的水沖洗乾淨。

❷ 把牛乳、鹽巴放進碗裡，用手充分攪拌，放入①的雞肝，至少浸泡15分鐘。

❸ 把奶油切成1cm方塊。

❹ 用濾網把②的雞肝撈起來，用廚房紙巾確實擦乾水分。

❺ 把④的雞肝放進用中火把油加熱的平底鍋，煎至單面上色。

❻ 把⑤的雞肝翻面，淋入洋酒，關火，直接放置5~10分鐘。試著切開最大塊的雞肝看看，只要內部熟透就可以了。

❼ ⑥的雞肝變涼後，放進食物調理機裡面，加入③的奶油、胡椒，持續攪拌至膏狀。

❽ 試味道，用鹽巴（份量外）調味。

❾ 把⑧的雞肝裝進容器，蓋上保鮮膜放進冰箱，直到奶油凝固。

＊也可以把烤雞的雞肝壓碎，當成雞肝醬的基底（Zopf的伊原店店長直接傳授）。烤雞的雞肝不管是醬烤或是鹽烤都可以。若是醬烤，就要先把沾醬洗掉，再用廚房紙巾把水分擦乾。

搭配的麵包

坎帕涅麵包／裸麥麵包／長棍麵包／洛斯提克麵包／洛代夫麵包

推薦吃法

・把簡易雞肝醬抹在長棍麵包上面，搭配去骨火腿、越式法國麵包用涼拌胡蘿蔔絲（參考p.146）、黃瓜片、芫荽（生）一起夾著吃。

油封雞胗
→ p.16

【材料】

雞胗（片）… 100g

蒜頭（泥）… 1片（5g）

百里香（生／如果有的話）… 1支

橄欖油 … 1大匙

鹽巴、胡椒 … 各少許

【製作方法】

❶ 雞胗用流動的水清洗乾淨，用廚房紙巾確實擦乾水分。

❷ 把①的雞胗、鹽巴、胡椒，放進裝了兩層的塑膠袋內，充分搓揉。

❸ 把蒜頭、百里香的葉子、橄欖油，放進②的塑膠袋內，進一步搓揉。暫時把袋口封起來。

❹ 把③的雞胗和熱水放進具有保溫功能的容器（燜燒罐或電鍋的

保溫功能等）裡面，蓋上蓋子，放置2小時。

搭配的麵包

坎帕涅麵包／裸麥麵包

魚類、水產加工品

[魚貝類]

鯖魚

自製燻鯖魚

【材料】

鹽醃鯖魚 … 4塊（3片切的半塊）

紅茶（茶渣）… 50g

砂糖（中雙糖尤佳）… 1大匙

【製作方法】

❶ 把鋁箔紙鋪在中華炒鍋裡面，將紅茶平鋪在底部，撒上砂糖（全面鋪滿，把紅茶渣完全覆蓋），把圓形烤網放在上方。

❷ 鍋蓋的內側也貼上鋁箔紙，蓋在①的炒鍋上面，開大火加熱。

❸ ②的炒鍋開始冒煙後，魚皮朝下，把鯖魚排放在烤網上面。蓋上鍋蓋，改用小火，單面各加熱4分鐘。

❹ 關火，在蓋著鍋蓋的狀態下放置5分鐘。

＊中華炒鍋使用鐵製。

推薦吃法

・燻鯖魚淋上檸檬汁、醬油，搭配蒸蔚苣（參考p.142）、美乃滋一起夾著吃。

・把燻鯖魚的肉撕成碎散，和美乃滋一起混拌，搭配洋蔥片（紅洋蔥尤佳）、個人喜歡的菜葉蔬菜一起夾著吃。

三文魚／鮭魚

烤鮭魚沙拉
→ p.110

【材料】（3個貝果的份量）

烤鮭魚沙拉

　　鮭魚（魚塊）… 1塊（125g）

　　植物油 … 1/2大匙

芹菜（莖）… 30g

蒔蘿（生）… 5支

檸檬汁 … 1小匙

美乃滋 … 2＋1/2大匙

法國第戎芥末醬 … 1/4小匙

胡椒 … 少許

【製作方法】

❶ 製作烤鮭魚。把鮭魚放進用中火將油加熱的平底鍋，將兩面稍微煎過。一邊將魚肉搓散，一邊翻炒，直到魚肉完全熟透。

❷ 把①的鮭魚倒在廚房紙巾上面，瀝掉多餘的油。

❸ 芹菜去除老筋，切成細末，蒔蘿（僅葉子）切成細末。

❹ 把剩餘的材料倒進碗裡，充分拌勻。

❺ 把②完全冷掉的鮭魚、③的材料放進④的碗裡，充分拌勻。

＊也可以用鮭魚罐頭取代鮭魚魚肉。
確實瀝乾湯汁，同樣用油炒過。

搭配的麵包

吐司／貝果

推薦吃法

‧貝果搭配醃泡小黃瓜（參考p.142）一起夾著吃。

辣味蝦

【材料】（p.78～79的佛卡夏2個的份量）

蝦（去頭，草蝦等）… 6尾
蒜頭 … 1瓣（5g）
辣椒 … 1條
橄欖油 … 2大匙
芫荽（粉）… 1/4小匙

【製作方法】

❶ 蝦子去除外殼、蝦尾，清除砂腸，清洗乾淨。用廚房紙巾擦乾水分，切成一口大小。

❷ 蒜頭切成細末，辣椒去除種籽，切片。

❸ 把橄欖油和②的材料放進平底鍋，用中火加熱，持續加熱至蒜頭隱約上色。

❹ 把①的蝦肉、芫荽放進③的平底鍋，拌炒至蝦子熟透。

推薦吃法

‧佛卡夏橫切，依序夾上酪梨醬（參考p.143）、辣味蝦。

［魚卵］p.32／p.49

最適合搭配麵包的魚卵是，辣味明太子／鱈魚子、鹽漬鮭魚子／筋子、魚子醬、烏魚子。

明太子／鱈魚子

鱈魚子是由黃線狹鱈的魚卵所鹽漬而成。加上辣椒鹽漬的話，就成了辣味明太子（明太子）。

明太子奶油

【材料】

明太子（僅使用魚卵）… 30g（1/3條的份量）
奶油（恢復至室溫）… 50g
檸檬汁 … 1小匙

【製作方法】

❶ 把奶油放進碗裡，用橡膠刮刀攪拌成乳霜狀。

❷ 把剩餘的材料放進①的碗裡，輕柔攪拌均勻。

明太子酸奶油

→ p.89

【材料】

明太子（僅使用魚卵）… 30g（1/3條的份量）
酸奶油 … 60g
胡椒 … 少許

【製作方法】

❶ 把酸奶油放進碗裡，用橡膠刮刀攪拌至柔滑狀態。

❷ 把剩餘的材料放進①的碗裡，輕柔攪拌均勻。

搭配的麵包

裸麥麵包（厚重）／坎帕涅麵包／皮塔餅／英式烤餅（p.88）

推薦吃法

‧抹在裸麥麵包（厚重）上面，把長蔥（綠色和白色之間的淡綠色部分）細末鋪在上方。

‧連同薄切的裸麥麵包（厚重）、坎帕涅麵包、皮塔餅等一起上桌，當成沾醬，沾著吃。

法式明太子

【材料】

明太子（僅使用魚卵）… 40g
蒜頭（泥）… 1/2瓣（2.5g）
巴西里（生、葉、細末）… 少許
美乃滋 … 10～15g
奶油 … 10～15g
長棍麵包 … 1/2條

【製作方法】

❶ 把明太子、美乃滋、蒜頭放進碗裡，用橡膠刮刀充分混拌。

❷ 麵包縱切，在內側抹上奶油。

❸ 把①的材料塞進②的麵包裡面，用烤箱烤12分鐘，直到美乃滋呈現焦黃色。烤的過程中，如果感覺快烤焦的話，就覆蓋上鋁箔紙。

❹ 在③的麵包上面撒上巴西里。

［水產加工品］p.32／p.108／p.109

鮪魚罐頭

鮪魚罐頭的原料是名為鮪魚（長鰭鮪魚或黃鰭鮪魚等）的廉價鰹魚所製成，依製造商的不同，味道會因為油漬或水煮、薄片或塊狀、鹽含量等而有不同。本書使用的是油漬的鮪魚罐（內容量70g／倒掉油之後剩60g）。

鮪魚沙拉
→ p.43

【材料】
鮪魚罐頭 … 1罐（70g）
美乃滋 … 1+1/2大匙（15g）
胡椒 … 少許

【製作方法】
❶ 把瀝掉油的鮪魚放進碗裡，將魚肉搓散。
❷ 把剩餘的材料放進①的碗裡，充分拌勻。

搭配的麵包
吐司／貝果

推薦吃法
· 搭配切成絲的芹菜一起夾著吃。
· 搭配自製醃菜（參考p.148）一起夾著吃。

咖哩鮪魚
→ p.110

【材料】
鮪魚罐頭 … 1罐（70g）
美乃滋 … 3/4大匙
咖哩粉 … 1/4小匙
胡椒 … 少許

【製作方法】
❶ 把瀝掉油的鮪魚放進碗裡，將魚肉搓散。
❷ 把剩餘的材料放進①的碗裡，充分拌勻。

搭配的麵包
吐司（全麥粉）／貝果（全麥）

推薦吃法
· 搭配黃瓜片（或醃泡黃瓜／參考p.142）一起夾著吃。

檸檬迷迭香鮪魚

【材料】
鮪魚罐頭 … 1罐（70g）
檸檬皮（泥／國產尤佳）… 1/2顆
檸檬汁 … 1～2小匙
迷迭香（生、葉、細末）… 10支
美乃滋 … 1大匙

【製作方法】
❶ 把瀝掉油的鮪魚放進碗裡，將魚肉搓散。
❷ 把剩餘的材料放進①的碗裡，充分拌勻。

搭配的麵包
佛卡夏／拖鞋麵包／長棍麵包／吐司

推薦吃法
· 搭配貝比生菜、稍微壓碎，釋放出香氣的紅胡椒一起夾著吃。

鯖魚罐頭 p.96

鯖魚醬

【材料】
鯖魚罐頭（水煮）… 30g
煙燻沙丁魚（如果有的話）… 20g
奶油起司 … 70g
萊姆汁 … 2小匙
胡椒 … 少許

【製作方法】
❶ 把鯖魚和沙丁魚放進研缽，用搗杵搗成膏狀。
❷ 把剩餘的材料放進①裡面，充分拌勻。

＊也可以用臭橙、酢橘、柚子等日本柑橘代替萊姆。
＊也可以加入洋蔥或芹菜細末、切碎的杏仁粒等堅果。

推薦吃法
· 搭配青紫蘇一起夾著吃。
· 與薄切的裸麥麵包、坎帕涅麵包一起上桌，當成沾醬吃。

鯖魚蒔蘿美乃滋
→ p.103

【材料】（2片裸麥脆麵包的份量）
鯖魚罐頭（水煮）… 50g
蒔蘿美乃滋
  美乃滋 … 10g
  蒔蘿（乾）… 1/4小匙

【製作方法】
❶ 製作蒔蘿美乃滋。把所有材料放進碗裡，充分拌勻。
❷ 把鯖魚放進①的碗裡面，一邊搓散魚肉，一邊拌勻。

煙燻鮭魚
p.32／p.33／p.43／p.49／p.89／p.94／p.110／p.111／p.112
由鹽漬鮭魚燻製而成。特色是富含油脂鮮味的濃郁口感和煙燻的
香味。淋上檸檬汁或醋等酸味的調味料，再搭配刺山柑、蒔蘿、
洋蔥片等配料，就能更凸顯風味。搭配奶油起司或酪梨也非常適
合。

沙丁魚
所有沙丁魚加工品中，最適合搭配麵包的是油漬沙丁魚和煙燻沙
丁魚（p.32、p.37）。兩種都可以把油瀝掉，直接使用，也可以
用平底鍋煎過之後再使用。油漬沙丁魚有各式各樣的調味，可選
擇橄欖油油漬等的原味油漬，或添加辣椒的種類。

蒜炒沙丁魚

【材料】
油漬沙丁魚（罐頭、原味）… 1罐
蒜頭 … 1瓣（5g）
檸檬（厚度5mm的薄片）… 1片
辣椒 … 2條
鹽巴、胡椒 … 各少許

【製作方法】
❶ 蒜頭薄切，辣椒去除種籽，切成對半。
❷ 把沙丁魚罐頭的蓋子拿掉，把①的材料鋪在上面，撒上鹽巴、胡椒。
❸ 把檸檬放在②的中央，連同罐頭一起用小火加熱。一邊維持油沸騰的狀態，一邊將沙丁魚加熱至焦黃色。

＊加熱中途，如果油開始發生油爆，就把罐頭裡面的材料倒進耐熱容器加熱。

推薦吃法
・連同薄切、烤過的長棍麵包或吐司一起上桌。

鰻魚（日本鰻）

鰻魚（日本鰻）加工品中，最適合搭配麵包的是鰻魚魚片和鰻魚醬。直接吃的話，兩種都偏鹹，而且魚的鮮味會太過強烈，所以建議搭配其他食材一起混著吃。

蒜香鰻魚醬

→ p.32

【材料】
鰻魚魚片 … 8片（30g）
蒜頭 … 1瓣（5g）
巴西里（生、葉、細末）… 1大匙
檸檬汁 … 2小匙
橄欖油 … 1大匙
辣椒（切片）… 1/2條

【製作方法】
❶ 鰻魚、蒜頭切成細末。
❷ 把橄欖油、①的材料放進小的平底鍋，開中火加熱，加熱至蒜頭呈現焦黃色。
❸ 把剩餘的材料放進②的平底鍋，一邊攪拌煮沸。

＊因為偏鹹，所以若是用來抹麵包的話，使用少量就好。
（每片炊帕涅麵包約1/2小匙左右）

搭配的麵包
坎帕涅麵包／洛斯提克麵包／洛代夫麵包／長棍麵包

推薦吃法
・抹在長棍麵包上面，搭配切片的全熟水煮蛋（參考p.132）、番茄片、貝比生菜一起夾著吃。
・抹在坎帕涅麵包上面，依序鋪上番茄片、乳酪絲，放進烤箱裡面烤。

蟹肉罐

可輕易品嚐到高級蟹肉的蟹肉罐。蟹肉罐的原料有鱈場蟹、松葉蟹、梭子蟹等。搭配麵包的話，任何品種都OK。

推薦吃法
・搭配蟹肉蛋（把雞蛋1顆、蟹肉罐／連同湯汁20g、1/2大匙的水、1/10小匙的鹽巴、少許的胡椒一起拌勻，用1小匙的芝麻油煎煮）、甜辣醬、芫荽（生）一起夾著吃。

蔬菜

[生吃為主的蔬菜]

菜葉蔬菜　p.16／p.36／p.84／p.86／p.110

菜葉蔬菜的種類繁多。其中，FRILLICE、GREEN MARIGOLD、MOCO VEIL等萵苣品種，都是沒有使用農藥的水耕菜葉蔬菜，所以可以安心食用。口感各有特色，非常適合三明治或沙拉。

除了常見的萵苣之外，還有生菜、紅萵苣、水菜、綠葉生菜、蘿蔓萵苣、西洋菜、芝麻菜、貝比生菜等，都是三明治十分常用的菜葉蔬菜。根據色彩、口感、味道、香氣等條件，試著和三明治搭配看看吧！

希望增加清脆感和水嫩感的時候
萵苣、水菜、蘿蔓萵苣等

希望增加柔嫩口感的時候
生菜、紅萵苣、綠葉生菜等

希望增加苦味、辣味、香氣的時候
西洋菜、芝麻菜、巴西里等

菜葉蔬菜的事前處理

❶ 切除蒂頭或根（葉子的接合部），讓菜葉分散開來。
❷ 一邊沖水，一邊將每片菜葉剝下。貝比生菜等菜葉較小的種類，就放進洗菜籃裡面清洗，如果沒有洗菜籃，就放進普通的濾網，用流動的水沖洗。
❸ 把②的菜葉放進洗菜籃，把水瀝乾。使用濾網時，就把濾網往上下左右晃動，把水瀝乾。
❹ 在③的上面稍微覆蓋上保鮮膜，放進冰箱。
❺ 使用之前，用廚房紙巾夾住，確實去除水分，再用手撕成適當大小。

＊菜葉枯萎的時候，先把菜葉撕成適當大小，再放進肌膚溫度的溫水（35～40度）裡面浸泡1分鐘。之後，再利用步驟③的要領，把水瀝乾，稍微蓋上保鮮膜，放進冰箱裡面。

蒸萵苣

【材料】

萵苣 … 2片

【製作方法】

❶ 用2張廚房紙巾夾著萵苣，用微波爐（500W）加熱約30秒。

＊這是想吃大量菜葉蔬菜時的推薦調理法。但不適用於萵苣以外的菜葉蔬菜。

萵苣芥末

→ p.43

【材料】（1個可頌的份量）

萵苣（參考p.141）… 1片

芥末粒 … 3/4小匙

橄欖油 … 1小匙

白酒醋 … 少許

鹽巴 … 少許

【製作方法】

❶ 把芥末和橄欖油放進小碗，用小的打蛋器充分拌勻。

❷ 萵苣撕成一口大小，放進①的碗裡面，充分拌勻。

❸ 試味道，用白酒醋和鹽巴調味。

塔布勒沙拉（黎巴嫩風味的巴西里沙拉）

→ p.63

【材料】

巴西里（生）… 3支（60g）

紅洋蔥 … 1/5顆（40g）

小番茄 … 5～6個

檸檬汁 … 1大匙

橄欖油 … 1大匙

鹽巴 … 1/4小匙

【製作方法】

❶ 巴西里（僅葉子）切成細末。

❷ 洋蔥、番茄切成5mm丁塊狀。

❸ 把①、②、剩餘的材料放進小碗，充分拌勻。

＊正常是使用平葉洋香菜，不過，一般巴西里也可以。

芽菜／苜蓿芽 p.84／p.110

芽菜是以人為方式，讓穀類、豆類、蔬菜的種籽發芽的新芽。本書使用的芽菜是蘿蔔嬰苗（蘿蔔嬰也是芽菜的一種），梗很細，整體口感十分軟嫩。苜蓿芽也是豆芽的同類，在國外經常被當成三明治或沙拉的配菜。特色是水嫩的清脆口感。

種類	梗的顏色	味道	適合搭配
青花菜芽菜	白	沒有草腥味	希望增加綠色時
紅甘藍芽菜	紫	沒有草腥味	希望增加色彩時
芥末芽菜 p.111	白	辣椒般的辛辣	肉類料理香腸培根鮪魚罐頭鯖魚罐頭
獨行菜芽菜 p.43	白	辣味強烈，西洋菜般的味道	雞蛋料理鮪魚罐頭鯖魚罐頭
青紫蘇芽菜	白	青紫蘇般的味道	生魚鮪魚罐頭鯖魚罐頭

小黃瓜 p.110

小黃瓜去除刺疣，充分清洗乾淨後再使用吧！依個人喜好，自由選擇要保留多少外皮。薄切時，盡可能使用削皮器，切出平均的厚度。

醃泡小黃瓜

→ p.61

【材料】

小黃瓜 … 1/2條

鹽巴 … 1/8小匙

白葡萄酒 … 1小匙

或是白酒醋 … 1/4小匙

【製作方法】

❶ 小黃瓜用削皮器薄切成厚度2mm的緞帶狀。

❷ 在①的小黃瓜上面撒鹽，至少放置5分鐘後，把水分擠掉。

❸ 把白葡萄酒淋在②的小黃瓜上面。

推薦吃法

・只要是小黃瓜＆火腿、小黃瓜＆煙燻鮭魚等，使用小黃瓜的三明治都可以使用。

番茄 p.43／p.85／p.110

本書使用一般的番茄和小番茄。番茄去除蒂頭，充分清洗乾淨後再使用。切片的時候，只要與花萼呈平行，就可以切出漂亮的剖面。採用半切的時候，就與花萼垂直，切成對半後，再把剖面朝下，切出半月形。切片的番茄就排放在廚房紙巾上面，吸除多餘的水分吧！

去除番茄皮的方法

→ 直火燒烤／p.79

❶ 在番茄的前端切出十字的切痕，去除蒂頭，插上叉子，用爐火烤至薄皮剝落。

❷ 放進冷水浸泡，剝除薄皮。

番茄吐司

【材料】

番茄 … 1個

橄欖油 … 1大匙

鹽巴 … 少許

吐司（8片切或6片切）… 1片

【製作方法】

❶ 番茄切成厚度5～8mm的片狀。

❷ 把①鋪放在麵包上面，將面積較大的番茄放在正中央，並用切成適當大小的番茄，補滿空隙。

❸ 把橄欖油淋在②的番茄上面，撒上鹽巴。

❹ 烤箱預熱後，放入③的吐司烤5分鐘。

＊麵包的麵包邊容易焦黑，烤的時候要多加注意。

自製半乾番茄

→ p.8／p.19／p.37／p.73／p.87

【材料】

小番茄 … 適量

橄欖油 … 適量

【製作方法】

❶ 小番茄橫切成對半。

❷ 把①排放在鋪有廚房紙巾的烤盤上面，用預熱至150℃的烤箱（上段）烤1～1小時30分鐘，烤至番茄邊緣產生皺摺。直接在室溫下放涼。

❸ ②的番茄完全冷卻後，把②的番茄放進煮沸消毒的保存罐，倒入淹過番茄的橄欖油，蓋上瓶蓋。

乾番茄

對鎖住番茄鮮味的義大利料理來說，乾番茄是不可欠缺的食材。由於乾番茄的鹽分較多，所以請參考下列方法，將乾番茄泡軟，切成5mm寬的條狀後再使用。可以用來取代橄欖，或者也可以一起搭配使用，應用的範圍相當廣泛。

泡軟乾番茄的方法

❶ 把水500ml、醋（米醋等）1大匙放進鍋裡，蓋上鍋蓋，開大火加熱。

❷ ①沸騰後，關火，放進10個乾番茄，靜置10～15分鐘。

❸ ②的乾番茄變軟後，把熱水倒掉，用廚房紙巾擦乾水分。

搭配的麵包

佛卡夏／拖鞋麵包／洛斯提克麵包／洛代夫麵包

推薦吃法

·把雞蛋沙拉（參考p.132）鋪在裸麥麵包（厚重）上面，再鋪上乾番茄、鯷魚魚片。

酪梨 p.110

酪梨請參考下表，依照觸感、外皮顏色，選擇符合加熱用途的種類。縱切成對半後，去除外皮和種籽。可是，酪梨接觸到空氣後，就會馬上變黑，所以要等準備使用的時候再切。

使用的用途	切開使用	壓碎使用
酪梨的觸感	果肉略軟	果肉較軟
酪梨的外皮顏色	深綠外皮上有黑色斑點	幾乎沒有深綠部分，顏色暗沉
檸檬汁	切成個人喜愛的厚度，整體淋上檸檬汁	用叉子壓碎，淋上較多的檸檬汁混拌

酪梨醬

→ p.63

【材料】（p.78～79的佛卡夏2個）

洋蔥 … 1/8個

芫荽（生、葉／如果有的話）… 適量

酪梨 … 1個（170g）

檸檬汁 … 2小匙

鹽巴 … 1/5小匙

【製作方法】

❶ 洋蔥、芫荽切成細末，洋蔥放進冷水內浸泡。

❷ 酪梨去除外皮和種籽，切成滾刀切，放進研缽。淋上檸檬汁，用搗杵等搗成碎粒。

❸ 把①瀝乾水分的洋蔥、芫荽、鹽巴，放進②裡面，充分攪拌均勻。

開心果酪梨抹醬

→ p.32／p.33／p.113

【材料】（4個貝果的份量）

酪梨 … 1個（170g）

蒜頭 … 1瓣（5g）

檸檬汁 … 2小匙

開心果（帶殼）… 50g

芥末粒 … 1大匙

美乃滋 … 1大匙

【製作方法】

❶ 開心果去殼，放進研缽，用搗杵等搗成碎粒。

❷ 酪梨去除外皮和種籽，切成滾刀切，放進研缽。淋上檸檬汁，用搗杵搗碎，一邊混拌。

❸ 把磨成泥的蒜頭、芥末、美乃滋，放進①裡面，充分拌勻。

推薦吃法

·連同薄切烤過的長棍麵包、吐司或皮塔餅等小麵包一起上桌，當成沾醬，沾著吃。

芹菜

芹菜分切成莖（白色部分）和葉（綠色部分）。本書主要使用的部分是莖，要用刨刀削除表面的老筋。充分清洗乾淨後，去除水分，切成符合用途的形狀。

推薦吃法

· 把使用小黃瓜的三明治裡面的小黃瓜換成芹菜試試看吧！可以製作出充滿個性的獨特三明治。

[加熱為主的蔬菜]

洋蔥 p.14

洋蔥片

→ p.110／p.111

建議使用水嫩、甘甜的新洋蔥、紅洋蔥。使用一般洋蔥時，洋蔥要盡可能薄切，再放進冷水浸泡5～10分鐘，就能緩和辛辣味。

煎洋蔥

→ p.85

【材料】

洋蔥 … 1個

奶油（或橄欖油）… 適量

【製作方法】

❶ 洋蔥切成厚度1cm，放在鋪有廚房紙巾的耐熱盤上面，覆蓋上保鮮膜。

❷ 用微波爐（500W）加熱①的洋蔥片3分～3分30秒，用廚房紙巾確實擦乾釋出的水分。

❸ 把②的洋蔥片放進中火加熱奶油的平底鍋，煎至兩面焦黃。

油封洋蔥

→ p.9／p.32／p.33／p.37

【材料】

洋蔥 … 400g

橄欖油 … 2大匙

普羅旺斯香草 … 1/2～1小匙

鹽巴 … 1/4小匙

胡椒 … 少許

【製作方法】

❶ 與纖維呈直角，盡可能將洋蔥切成薄片。

❷ 把①的洋蔥片放在鋪有廚房紙巾的耐熱盤上面，覆蓋上保鮮膜，用微波爐（500W）加熱5～6分鐘。加熱後，用廚房紙巾確實擦乾釋出的水分。

❸ 把②的洋蔥片放進用中火加熱橄欖油的鍋子裡，炒至洋蔥呈焦糖色。

❹ 把剩餘的材料倒進③的鍋裡，充分拌勻。

推薦吃法

· 長棍麵包、午餐麵包、圓麵包抹上法國第戎芥末醬，搭配烤過的香腸或厚切培根，一起夾著吃。

· 用吐司或坎帕涅麵包製作p.9的尼斯洋蔥塔風味塔丁。

甜椒 p.110

色彩鮮豔、可以生吃，同時也非常美味的甜椒，也非常適合三明治。生吃的時候，為了更明確地感受到甜味和水嫩感，就採用薄切吧！

烤甜椒

【材料】

甜椒（紅或黃）… 1個

【製作方法】

❶ 利用烤箱或火爐的燒烤功能，把甜椒確實烤至整體焦黑。

❷ 用鋁箔紙確實包裹①的甜椒。

❸ ②的甜椒冷卻後，剝掉外皮，用沾濕的廚房紙巾擦掉殘餘的外皮或髒汙。

❹ 去除蒂頭和種籽，切成符合用途的形狀。

腌泡甜椒

→ p.81

【材料】

甜椒 … 1個

鹽巴 … 少許

橄欖油 … 1大匙

醋 … 1小匙

【製作方法】

❶ 製作烤甜椒（參考上述），將烤甜椒切成1cm寬。

❷ 把①的甜椒放進小碗，將剩餘的材料倒入，稍微搓揉。

＊醋建議採用義大利香醋，如果不希望染上顏色，就採用白葡萄酒或蘋果醋。

紅椒核桃醬（甜椒和核桃的醬）

→ p.63

【材料】

甜椒（紅）… 1個（170g）

蒜頭 … 1/2瓣（2.5g）

核桃（生）… 40g

辣椒（切片）… 1/2條

橄欖油 … 1大匙

鹽巴 … 1/4小匙

【製作方法】

❶ 製作烤甜椒（參考上述），切成滾刀塊。

❷ 核桃用平底鍋或烤箱烤至香酥。蒜頭切成碎粒。

❸ 把①的甜椒② 的材料、剩餘的材料，放進食物調理機，攪拌至膏狀。

推薦吃法

・連同薄切烤過的長棍麵包、吐司或皮塔餅等小麵包一起上桌，當成沾醬，沾著吃。

・貝果抹上紅椒核桃醬，依序夾上烤雞肉或是煎雞肉（參考p.136）、個人喜歡的菜葉蔬菜。

高麗菜

三明治使用生的高麗菜的時候，一定要把菜芯切除，並盡可能地切成細絲，才能有更好的口感。

自製德國酸菜

→ p.94／p.99

【材料】

高麗菜 … 1/2顆（500g）

鹽巴 … 10g（高麗菜的2%）

個人喜歡的香辛料或香草（如果有的話）… 適量

【製作方法】

❶ 高麗菜切除菜芯，切成細絲。

❷ 使用藏茴香的時候，要稍微輕壓，讓香味釋放出來。使用蒔蘿的時候，就連同莖一起清洗，再切成段使用。

❸ 把①的高麗菜放進碗裡，在整體撒上鹽巴。用乾淨的手仔細搓揉，直到高麗菜釋出水分為止。

❹ 將③的高麗菜分次裝進煮沸消毒的保存罐裡面，每次裝填都要用擀麵棍的前端，把高麗菜往內塞。

❹ 覆蓋上保鮮膜，蓋上瓶蓋，在陰涼處放置3天～一星期，直到高麗菜釋出的水分淹過高麗菜絲（如果天氣變暖，就要放進冰箱保存）。

＊建議使用藏茴香（種籽）或蒔蘿（生）。

＊只要用剩餘的高麗菜預先製作起來，就可以廣泛應用於三明治或料理等。

搭配的麵包

裸麥麵包／坎帕涅麵包／使用全麥粉、粗全麥粉等的麵包

推薦吃法

・存放一星期內，就採用與速成德國酸菜（參考下列）相同的吃法。存放時間超過一星期的話，可放進湯或燉煮料理裡面入菜。

速成德國酸菜

→ p.63

【材料】

高麗菜 … 1/4顆（250g）

藏茴香 … 1/2小匙

胡椒（黑、整顆）… 5顆

水 … 2大匙

鹽巴 … 1/4～1/3小匙

白酒醋 … 1/2大匙

【製作方法】

❶ 利用與自製德國酸菜①②　　相同的步驟處理高麗菜和藏茴香。胡椒稍微壓碎，讓香味釋放出來。

❷ 把①的高麗菜鋪在耐熱盤上，撒上水。

❸ ②蓋上保鮮膜，用微波爐（500W）加熱3～4分鐘。

❹ ③變涼後，稍微擠掉水分，放進碗裡，整體撒上鹽巴。

❺ 把酒醋、香辛料放進④的碗裡，充分拌勻。

＊也可以用紫甘藍製作。

推薦吃法

・長棍麵包、午餐麵包、圓麵包抹上芥末粒，搭配香腸或厚切培根一起夾著吃。

・麵包抹上法國第戎芥末醬（如果有的話），搭配豬肉醬（參考p.137）一起夾著吃。

美式高麗菜沙拉

【材料】

高麗菜 … 1/4顆（250g）

胡蘿蔔 … 1/3根（50g）

檸檬汁 … 2小匙

鹽巴 … 1/2小匙

水 … 2大匙

美乃滋 … 1+1/2大匙（15g）

胡椒 … 少許

【製作方法】

❶ 高麗菜切除菜芯，切成細絲。胡蘿蔔削除外皮，切成5mm丁塊狀。

❷ 把①的高麗菜鋪在耐熱盤上，撒上水。

❸ ②蓋上保鮮膜，用微波爐（500W）加熱3～4分鐘。

❹ ③變涼後，稍微擠掉水分，放進碗裡，整體撒上鹽巴。

❺ 把剩餘的材料放進④的碗裡，充分拌勻。

＊也可以用紫甘藍製作。

＊如果有，也可以加入玉米（罐頭或水煮）或鮪魚罐頭。

搭配的麵包

白麵包／使用全麥粉的麵包

推薦吃法

・搭配帶有粗粒胡椒的火腿（如果沒有，就用撒上大量胡椒的火腿）一起夾著吃。

・搭配火腿蛋（加熱1/2大匙的植物油，依序把火腿1片、雞蛋1顆放入，撒上鹽巴、胡椒，加熱至個人喜歡的硬度）一起夾著吃。

胡蘿蔔

涼拌胡蘿蔔絲

→ p.63

【材料】

胡蘿蔔 … 1根（150g）

油醋醬

│白酒醋 … 1/2大匙

鹽巴 … 1/5～1/4小匙
蜂蜜（或楓糖漿）… 1小匙
橄欖油 … 2大匙
胡椒 … 少許

【製作方法】
❶ 製作油醋醬。把白酒醋、鹽巴放進碗裡，用小的打蛋器攪拌，讓鹽巴充分融化。
❷ 依序把蜂蜜、橄欖油，放進❶的碗裡，每加入一種材料，就要充分拌勻，再加入下一種材料。加入胡椒。
❸ 蒜頭去皮，用刨絲器削成絲，放進❷的碗裡，充分拌勻。

推薦吃法
・麵包、蛋白質類的食材、乳製品都不挑，什麼都適合搭配。
・烤過的吐司，搭配義式肉腸（參考p.135）、德國酸菜（參考p.145）一起夾著吃。

越式法國麵包用的涼拌胡蘿蔔絲
→ p.13

【材料】
胡蘿蔔 … 1根（150g）
加了越南魚露的甜醋
　米醋 … 1大匙＋1小匙
　砂糖 … 15～20g
　水 … 1大匙
　越南魚露 … 1大匙
　辣椒（切片）… 1/2條

【製作方法】
❶ 製作加了越南魚露的甜醋。把醋、砂糖放進碗裡面，用小的打蛋器攪拌，讓砂糖充分融化。
❷ 把剩餘的材料放進❶的碗裡，充分拌勻。
❸ 蒜頭去皮，用刨絲器削成絲，放進❷的碗裡，充分拌勻。

推薦吃法
・把花生奶油（如果有的話）抹在麵包上面，搭配蒸雞肉（參考p.136）、切片的小黃瓜一起夾著吃。

馬鈴薯

奶油馬鈴薯泥
→ p.15／p.66／p.109／p.110

【材料】
馬鈴薯（大）… 2個（400g）
奶油 … 40g
牛乳 … 80ml
鮮奶油 … 40ml
鹽巴 … 1/4小匙
白胡椒（粉）… 少許

【製作方法】
❶ 馬鈴薯削皮，切成厚度1.5cm的片狀，至少要在水裡浸泡5分鐘。

❷ 奶油切成5等分。
❸ 在鍋裡倒進高度2/3的水，蓋上鍋蓋，開大火加熱。
❹ ❸沸騰後，放入❶瀝乾水的馬鈴薯，用中火烹煮約20分鐘。
❺ ❹的馬鈴薯完全變軟後，把熱水倒掉。將馬鈴薯放回鍋裡，開中火加熱，使水分揮發。
❻ 把❺的鍋子從火爐上移開，放入❷的奶油，用搗杵等道具確實搗碎。
❼ 把牛乳、鮮奶油放進❻的鍋裡，開小火加熱，攪拌加熱直到呈現柔滑的膏狀。
❽ 用鹽巴、胡椒調味。
＊沒有鮮奶油時，直接把該份量換成牛乳。

推薦吃法
・在麵包抹上香蒜醬（參考p.152），搭配生火腿一起夾著吃。
・搭配香煎奶油舞菇（參考p.147）一起夾著吃。

塔沙摩沙拉
→ p.63／p.110

【材料】
明太子（僅使用魚卵）… 30g（1/3條）
馬鈴薯（大）… 1個（200g）
檸檬汁 … 1小匙
美乃滋 … 1大匙
胡椒 … 少許

【製作方法】
❶ 馬鈴薯的處理方式和奶油馬鈴薯泥（參考p.146）的步驟❶、❸～❺相同。
❷ 把❶的鍋子從火爐上移開，用搗杵等道具，確實把馬鈴薯搗成碎粒。
❸ 把剩餘的材料放進❷的鍋子裡，攪拌均勻。
❹ 試味道，如果不夠鹹，就用鹽巴（份量外）調味。

推薦吃法
・連同薄切烤過的長棍麵包、吐司或皮塔餅等小麵包一起上桌，當成沾醬，沾著吃。
・用吐司（8片切）一起夾著吃。也可以搭配海苔或青紫蘇一起夾著吃。

孟買馬鈴薯
→ p.61

【材料】
馬鈴薯（中）… 2個（250g）
植物油 … 1/2大匙
芥末（種籽）… 1/4小匙
孜然（種籽）… 1/4小匙
月桂葉 … 1片
鹽巴 … 1/4小匙
薑黃（粉）… 1/8小匙
芫荽（粉）… 1/8小匙
TABASCO辣椒醬 … 少許

【製作方法】

❶ 馬鈴薯的處理方式和奶油馬鈴薯泥（參考p.146）的步驟①、③～⑤相同。

❷ 烹煮①的期間，把油、芥末、孜然、撕成3等分的月桂葉，放進小的平底鍋，開小火加熱，讓油充滿辛香料的香氣。

❸ 把①的鍋子從火爐上移開，將馬鈴薯倒進碗裡。

❹ 把②的材料（月桂葉除外）和剩餘的材料，放進③的碗裡，一邊把馬鈴薯壓成碎粒，一邊攪拌。

推薦吃法

・用吐司製作成熱壓吐司。也可以搭配切片的甜黃瓜、乳酪絲一起夾著吃。

橄欖油馬鈴薯沙拉
→ p.70

推薦吃法

・搭配揉散的鯖魚罐頭、獨行菜芽菜一起夾著吃。

・搭配義式肉腸（參考p.135）、芝麻菜一起夾著吃。

蘑菇

切片生吃也非常好吃的蘑菇。有白色和棕色，棕色的香味和鮮味較強烈，又能誘出搭配食材的鮮味。

菇菇核桃抹醬
→ p.32／p.37

【材料】（3～4片坎帕涅麵包）

蘑菇 … 50g

杏鮑菇 … 80g

舞茸 … 50g

蒜頭 … 1～2瓣（5～10g）

核桃 … 50g

橄欖油 … 40ml

鹽巴 … 1/4小匙

胡椒 … 少許

【製作方法】

❶ 菇類材料用廚房紙巾擦掉髒汙。蘑菇、杏鮑菇切成滾刀切，舞茸用手撕成小朵。蒜頭切成對半，拍碎。

❷ 把橄欖油、①的蒜頭、核桃，放進平底鍋，用中火加熱至蒜頭隱約上色。

❸ 把①的菇類材料、鹽巴，放進②的平底鍋，拌炒至菇類變軟。蒜頭呈現焦黃色之後，起鍋備用。

❹ 把③的材料（連同蒜頭一起）、胡椒，放進食物調理機，攪拌成略粗的膏狀。

＊3種菇類，採用任何菇類都可以（香菇、鴻喜菇、秀珍菇等）。只要菇類的總重量有150g就可以了。

推薦吃法

・搭配馬鈴薯泥（參考p.146）一起鋪在坎帕涅麵包上面。

・搭配稍微炒過的生火腿、切碎的巴西里，一起鋪在坎帕涅麵包上面。

舞茸 p.15

香煎奶油舞茸

【材料】

舞茸 … 50g

奶油 … 5～10g

鹽巴、胡椒 … 少許

【製作方法】

❶ 舞茸用手撕成小朵。

❷ 把①的舞茸放進用中火加熱融化奶油的小平底鍋裡面，稍微翻炒，讓舞茸裹滿奶油。

❸ 試味道，用鹽巴、胡椒調味。

茄子

茄子切成厚度7～8mm的片狀，然後再烤一下（參考p.148），就能成為很不錯的三明治餡料。

中東茄子泥（煎茄子的醬）
→ p.63

【材料】

茄子 … 1條（150g）

蒜頭 … 1/2瓣（2.5g）

檸檬汁 … 1大匙

芝麻醬（白）… 1大匙

芝麻粉（白）… 2大匙

橄欖油 … 1/2大匙

鹽巴 … 1/4小匙

【製作方法】

❶ 利用火爐的燒烤功能或烤箱，把茄子烤至表皮整體焦黃。

❷ 去除①的茄子外皮和蒂頭，切成滾刀塊。蒜頭切碎粒。

❸ 把②的材料、剩餘的材料放進食物調理機，攪拌成膏狀。

推薦吃法

・連同薄切烤過的長棍麵包、吐司或皮塔餅等小麵包一起上桌，當成沾醬，沾著吃。

・塗抹在p.22土耳其鯖魚三明治的麵包上面。

菠菜

蒜炒菠菜
→ p.81

【材料】

菠菜 … 2株（70g）

橄欖油 … 1/2大匙

蒜頭（薄切）… 4瓣

鹽巴、胡椒 … 各少許

【製作方法】

❶ 切除菠菜的根部，切成5cm長。

❷ 把橄欖油、蒜頭，放進小的平底鍋，用中火加熱。

❸ 蒜頭隱約上色後，依序把菠菜的莖、葉，放入②的平底鍋，蓋上鍋蓋，加熱30秒。掀開鍋蓋，炒至菠菜變軟。

❹ 用鹽巴、胡椒調味。

＊進行步驟②的時候，也可以放入1/4條的辣椒。

奶油菠菜
→ p.84

【材料】

菠菜 … 2株（70g）

奶油 … 5～10g

鹽巴、胡椒 … 各少許

【製作方法】

❶ 切除菠菜的根部，切成5cm長。

❷ 依序把①的菠菜莖、葉，放入用中火加熱融化奶油的小平底鍋，蓋上鍋蓋，加熱30秒。掀開鍋蓋，炒至菠菜變軟。

❸ 試味道，用鹽巴、胡椒調味。

[調理蔬菜]

說到適合三明治的蔬菜，「生菜」當然是經典，不過，只要稍微花點心思，就可以讓各種蔬菜變成適合麵包或三明治的餡料喔！

醃菜 p.110

市售的醃菜（進口）大多都是使用小的小黃瓜，基本上可分類成醋漬和甜醋漬（被稱為「甜黃瓜」的種類）。品嚐法國肉凍（參考p.137）或豬肉醬（參考p.137）所不可欠缺的「酸黃瓜」屬於前者，麥當勞漢堡裡面的則是後者。依照用途加以活用吧！

自製醃菜
→ p.9／p.60／p.96

【材料】

小黃瓜 … 2條

芹菜（莖）… 1支

醃泡液

　醋（依個人喜好）… 60ml

　水 … 100ml

　砂糖 … 40g

　鹽巴 … 10g

　月桂葉 … 2片

【製作方法】

❶ 製作醃泡液。把所有材料放進小鍋，充分混拌，開中火加熱。

❷ ①稍微沸騰，且鹽巴、砂糖完全溶解後，把鍋子從火爐上移開。

❸ 參考各頁面來處理小黃瓜（參考p.142）、芹菜（參考p.144），切成響板切。

❹ 把③ 排列放進密度消退的 醃泡液。醃泡液完全冷卻後，蓋上蓋子，放進冰箱。

＊重量300g的蔬菜浸漬2小時，就能醃漬出恰到好處的味道。如果醃漬過頭，蔬菜的味道會變濃，建議醃漬出個人喜歡的味道後，把蔬菜從醃泡液裡面取出，放到另一個保存容器裡面保存。

＊醃泡液大約可醃漬4次相同份量的蔬菜。從第3次開始要加點鹽巴，試一下味道，如果甜味不夠，就再加一點砂糖，再次煮沸後再使用。

＊希望製作沒有甜味的醃菜時，就不要加砂糖。

適合做成醃菜的蔬菜

甜椒／胡蘿蔔／蕪菁／櫻桃蘿蔔／小番茄

烤蔬菜
→ p.32／p.78

【材料】

茄子 … 1條

櫛瓜 … 1條

洋蔥 … 1個

甜椒（紅、黃）… 各1個

蓮藕 … 4cm

橄欖油 … 適量

鹽巴 … 適量

普羅旺斯香草 … 適量

【製作方法】

❶ 若有需要，將蔬菜去皮，切成厚度7～8mm的片狀。

❷ 把①放進碗裡，淋上橄欖油，用手抓一下，讓蔬菜全都沾上橄欖油。

❸ 把②的蔬菜排放在鋪有烤盤紙的鐵板上，排放時要避免彼此重疊，撒上鹽巴、普羅旺斯香草。

❹ 把③放進預熱至220℃的烤箱，烤30分鐘。

＊也可用其他乾燥香草（迷迭香、百里香、牛至等）取代普羅旺斯香草。

＊烤好之後，也可以淋上義大利香醋。

適合烤的蔬菜

南瓜／胡蘿蔔／較細的蘆筍

搭配的麵包

佛卡夏／拖鞋麵包／洛斯提克麵包／洛代夫麵包

推薦吃法

・搭配米蘭薩拉米臘腸（如果有的話／參考p.134）、薄削的帕馬森乾酪或起司粉一起夾著吃。

[豆類]

鷹嘴豆（雞豆）

鷹嘴豆泥（鷹嘴豆醬）
→ p.32／p.63／p.108／p.110

【材料】
鷹嘴豆（水煮）… 120～140g
蒜頭 … 1/2瓣（2.5g）
檸檬汁 … 1大匙＋1/2小匙
橄欖油 … 1＋1/2大匙
芝麻醬（白）… 2大匙
鹽巴 … 1/4小匙

【製作方法】
❶ 蒜頭切碎粒。
❷ 把①和剩下的材料放進食物調理機，攪拌成膏狀。
＊也可以用大豆（水煮）替代鷹嘴豆。

推薦吃法
‧連同薄切烤過的長棍麵包、吐司或皮塔餅等小麵包一起上桌，當成沾醬，沾著吃。
‧把鷹嘴豆泥抹在麵包上面，搭配著涼拌胡蘿蔔絲（參考p.145）、切成滾刀塊清炸的茄子一起夾著吃。

加了胡蘿蔔的鷹嘴豆泥
→ p.87

【材料】
胡蘿蔔 … 70g
鷹嘴豆泥的材料（參考上述）

【製作方法】
❶ 胡蘿蔔削皮後，切成骰子切，平鋪在耐熱盤上，輕蓋上保鮮膜。用微波爐（500W）加熱2分鐘，直到胡蘿蔔變軟。
❷ 在製作鷹嘴豆的步驟②（參考上述），加入①的胡蘿蔔，以相同的方式攪拌。

水果

[生吃為主的水果] p.32／p.59／p.67

蘋果 p.42
麵包搭配生的蘋果時，可以帶皮切成厚度3mm的梳形切（A），或是切絲（B）。切好之後，要浸泡在鹽水裡面，以免果肉變黑。

推薦吃法
‧長棍麵包、洛斯提克麵包、洛代夫麵包抹上較多的奶油，夾上梳形切的蘋果（A）。也可以進一步夾上厚度1cm的卡芒貝爾乾酪或布利乾酪。
‧吐司抹上奶油起司，鋪上撕碎的青黴起司，用烤箱烤過之後，把切絲的蘋果（B）鋪在上方，再淋上蜂蜜。

焦糖蘋果
→ p.61／p.109

【材料】
蘋果 … 1個（300g）
砂糖 … 40g
水 … 1大匙
白豆蔻（粉）… 2撮

【製作方法】
❶ 蘋果去除外皮和果核，切成厚度7mm的銀杏切。
❷ 把砂糖和水放進小鍋，開中火加熱。偶爾搖晃一下鍋子，持續加熱至焦糖色。
❸ 把①的蘋果放進②的小鍋裡面，偶爾攪拌一下，持續熬煮至水分揮發。
❹ 把③的小鍋移開火爐，加入白豆蔻，稍微混拌。

洋梨
麵包搭配生的洋梨時，去除外皮和果核後，切成厚度1cm的梳形切（A），或是切成滾刀塊（B），又或者是切成1cm丁塊狀。

推薦吃法
‧長棍麵包、洛斯提克麵包、洛代夫麵包抹上較多的奶油，夾上黑巧克力片和洋梨（A）。
‧長棍麵包抹上較多的奶油，再夾上洋梨（B）還有撕碎的藍紋起司。

香蕉 p.110／p.111
麵包搭配生的香蕉時，要先切成符合用途的形狀，然後再淋上檸檬汁，預防果肉變黑。

推薦吃法
‧麵包抹上巧克力抹醬（或是榛果可可醬），再夾上切成適當大小的香蕉。
‧鋪上大量厚度5mm的香蕉片，撒上肉桂、精白砂糖。

烤香蕉
→ p.73

【材料】
香蕉 … 1/2條
精白砂糖 … 1小匙
無鹽奶油或橄欖油 … 適量

【製作方法】
❶ 香蕉去皮，在中央切出刀痕。
❷ 把①放在鋪有鋁箔紙的烤盤（或鋁箔紙）上面。
❸ 在②的切口內側和外側撒上精白砂糖。
❹ 用烤箱烤③的香蕉，直到產生隱約的焦黃色。
❺ 把切成小片的奶油鋪在④的香蕉上面，或是淋上橄欖油。

推薦吃法
・可頌或午餐麵包，搭配香草冰淇淋一起夾著吃。

草莓 p.49／p.72
麵包搭配生的草莓時，去除蒂頭，再切成符合用途的形狀。切對半、梳形切、縱切或橫切等，可透過各種切法，展現出各式各樣的表情。

搭配的麵包
布里歐麵包／可頌／吐司／午餐麵包／奶油捲麵包

推薦吃法
・搭配發泡鮮奶油（參考p.157）或卡士達醬，或是兩樣食材一起夾著吃。
・搭配發泡鮮奶油一起夾著吃，淋上楓糖漿或蜂蜜。
・搭配水果起司蛋糕抹醬（參考p.157）一起夾著吃。
＊也可用奇異果、甜瓜、鳳梨、桃子、無花果、柿子、枇杷等替代草莓。

［果粒果醬／果醬／糖漬］
→ p.32／p.42／p.89／p.110
本書將「用砂糖熬煮的水果」標示成，適合搭配法國麵包或料理的「果粒果醬」，其他則分別寫成「果醬」或「糖漬」。以下介紹的是，法式製法的「果粒果醬」。使用的水果份量比指定份量更多時，請稍微加長加熱時間，以及關火後的攪拌時間。

草莓果粒果醬
→ p.42／p.95

【材料】
草莓 … 1包（300g左右）
檸檬汁 … 1大匙
精白砂糖 … 草莓的3/4

【製作方法】
❶ 草莓去除蒂頭，清洗乾淨，把水瀝乾，測量重量。
❷ 根據①的草莓重量，計算、測量精白砂糖的份量。
❸ 把①的草莓切成對半或4等分等個人喜愛的大小。如果不介意維持整顆的狀態，就維持原本的整顆狀態。
❹ 依序把③的草莓、②的精白砂糖、檸檬汁放進鍋裡，用木鏟混拌，讓草莓沾滿精白砂糖。
❺ ④的鍋子稍微蓋上保鮮膜，在室溫下放置一晚，讓草莓的水分充分釋出。
❻ 鍋子用較大的中火加熱，用木鏟不斷攪拌。沸騰後撈除浮渣。
❼ ⑥鍋子裡的湯汁開始冒出大泡泡後，持續攪拌4～5分鐘。
❽ 關火，進一步持續攪拌3～4分鐘。
❾ 把⑧裝進煮沸消毒的保存瓶裡面。確實鎖緊瓶蓋，將保存瓶顛倒放置，冷卻。

無花果果粒果醬
→ p.32／p.37／p.49

【材料】
無花果 … 300g
檸檬汁 … 1/2大匙
精白砂糖 … 無花果的一半份量

【製作方法】
❶ 製作方法與草莓果粒果醬相同。可是，仍有些微地方不同。步驟①，只要把無花果的柄去除，留下果皮。步驟③，將無花果縱切成4等分，再進一步分別切成對半。

蘋果和奇異果的果粒果醬

【材料】
蘋果 … 1/2個（150g）
奇異果 … 1個
檸檬汁 … 1小匙
精白砂糖 … 蘋果和奇異果的2/3

【製作方法】
❶ 製作方法與草莓果粒果醬相同。可是，仍有些微地方不同。步驟①，蘋果要把果皮和果核去除，奇異果要去除外皮。步驟③，將蘋果切成1cm丁塊狀，奇異果切成一口大小。步驟⑦，加熱時間比草莓多2分鐘左右。

楓糖漬蘋果
→ p.89

【材料】
蘋果 … 1個（300g）
水 … 100ml
白葡萄酒 … 100ml
砂糖 … 30g
楓糖漿 … 3大匙
肉桂（粉） … 2撮
白豆蔻（粉） … 2撮

【製作方法】
❶ 蘋果去除果皮和果核，切成骰子狀。
❷ 把水、白葡萄酒、砂糖，放進小鍋，用中火加熱，偶爾攪拌，將砂糖煮溶。
❸ ②沸騰後，倒入①的蘋果，放上落蓋，用小火煮20分鐘。
❹ 把③的鍋子移開火爐，直接用搗杵等道具，把鍋裡的蘋果搗碎。
❺ 把楓糖漿、香辛料放進④的鍋裡，再次開中火加熱。偶爾攪拌一下，熬煮至水分揮發。
❻ 把⑤裝進煮沸消毒的保存瓶裡面。確實鎖緊瓶蓋，將保存瓶顛倒放置，冷卻。

搭配的麵包
布里歐麵包／可頌／吐司

推薦吃法
・利用這種糖漬，製作p.61的蘋果熱壓三明治。

檸檬雞蛋奶油醬
→ p.31／p.44

推薦吃法
・搭配奶油起司，一起抹在貝果上面。
・搭配水果起司蛋糕抹醬（參考p.157），一起抹在裸麥麵包的上面。
・搭配發泡鮮奶油（參考p.157），一起抹在布里歐麵包上面。

蘭姆酒漬甘栗
→ p.45

【材料】（3個可頌的份量）
去殼甘栗 … 1包（80g）
檸檬汁 … 2～3滴
水 … 100ml
砂糖 … 50g
蘭姆酒 … 1大匙

【製作方法】
❶ 把水、砂糖、檸檬汁放進小鍋，用中火加熱，偶爾攪拌，將砂糖煮溶。
❷ ①沸騰後，倒入栗子，放上用烤盤紙製成的落蓋，用小火煮10分鐘。
❸ ②的液體呈現濃稠後，拿掉落蓋，加入蘭姆酒，稍微混拌。在沒有落蓋的情況下，熬煮2～3分鐘，再從火爐上移開。
＊栗子會隨著時間慢慢變硬，所以要盡早食用完畢。

［乾吃為主的水果］

水果乾
水果乾最好在熱水裡浸泡5～20分鐘後再使用。浸泡熱水可以讓水果乾變軟，同時又能去除沾在周圍的油脂等。

濃郁且甜味強烈的水果乾
（葡萄乾、黑棗、無花果、椰棗等）
放進蘭姆酒、白蘭地、水果蒸餾酒、泡盛等酒類裡面浸漬。直接或切碎後，混進奶油起司或奶油裡面使用。

酸味強烈的水果乾
（杏桃乾、小紅莓、藍莓等）
切成細末後，混進香草冰淇淋、甘納許（參考p.158）、煉乳裡面。

堅果
最經典的是杏仁（p.101）和核桃（p.49、p.72）。榛果（p.95）雖然不太容易買到，不過，卻是第三順位的常用堅果。另外，花生、腰果、開心果、山核桃、松子等也非常適合。
本書基本上都是使用，無鹽、烘烤（＝直烤）的種類。如果是建議自己烘烤的食譜，材料就會標記為生，並載明使用烤箱或平底鍋烘烤（或煎）。堅果帶有鹽味時，就把鹽巴清洗乾淨，或是調整添加在料理裡面的鹽巴份量吧！

杏仁奶油
→ p.31／p.32／p.89

【材料】（2～3片吐司的份量）
杏仁（烘烤、無鹽） … 80g
砂糖 … 1/2大匙
鹽巴 … 1/10小匙

【製作方法】
❶ 把所有材料放進食物調理機，攪拌至呈現油脂滲出的膏狀。

推薦吃法
・抹在坎帕涅麵包上面，再淋上楓糖漿。
・抹在吐司上面，撒上精白砂糖，放進烤箱烤。

核桃餡
→ p.73

【材料】（2個果醬麵包的份量）
核桃（烘烤、無鹽） … 50g
砂糖 … 15～20g

【製作方法】
❶ 把所有材料放進食物調理機，攪拌至呈現濕潤的餡料狀。

醬汁／沙拉醬／表層飾材等

簡易印度咖哩

【材料】（2人份）
豬絞肉 … 150g
洋蔥 … 1個（250g）
蒜頭 … 1瓣（5g）
薑 … 1片（5g）
番茄 … 1個（150g）
孜然（種籽） … 1小匙
咖哩粉 … 1小匙
芫荽（粉） … 1小匙
薑黃（粉） … 1小匙
植物油 … 2大匙
水 … 100ml
鹽巴 … 1小匙
胡椒 … 少許

【製作方法】
❶ 洋蔥、蒜頭、薑切成細末，番茄切成一口大小。孜然稍微壓碎，釋放出香味。
❷ 把1大匙的油、①的孜然放進平底鍋，開小火加熱，讓油產生孜然的香味。
❸ 把①的蒜頭、薑放進②的平底鍋，加熱至蒜頭呈焦黃色。
❹ 把①的洋蔥倒進③的平底鍋，炒至甜味釋出。如果中途沒有水的話，就再添加2大匙左右的水（份量外），這樣的程序重複2～3次後，起鍋。

❺ 用中火加熱同一個平底鍋，把剩下的油倒入，油變熱之後，直接放入整坨絞肉，把兩面確實煎成焦黃色。之後，將絞肉揉散、拌炒。

❻ 把④起鍋的材料、①的番茄放進❺的平底鍋，持續炒至番茄的湯汁收乾。

❼ 依序把芫荽、薑黃、咖哩粉放進①的平底鍋，用小火加熱，每倒入一種材料，都要充分拌炒均勻，再放下一種材料。

❽ 把水、鹽巴放進❼的平底鍋，用中火燉煮至水分幾乎收乾的程度。

❾ 把胡椒放進❽的平底鍋，稍微混拌。

❿ 試味道，利用鹽巴、使用的香辛料（全部都是份量外）進行調味。

推薦吃法

・依序把咖哩、切片的水煮蛋（參考p.132）、起司片，鋪在吐司上面，放進烤箱烤。

・搭配用奶油炒過的玉米（水煮尤佳）、乳酪絲，製作成熱壓三明治。

・在烤過的吐司上面抹上奶油起司，搭配萵苣、番茄片、洋蔥片一起夾著吃。

・把吐司切成口袋切（參考p.55），將咖哩塞進裡面。

速成白醬

【材料】

奶油 … 20g

牛乳 … 200ml

低筋麵粉 … 2大匙

鹽巴 … 1/4小匙

白胡椒（粉）… 少許

【製作方法】

❶ 把奶油放進小的耐熱容器，蓋上保鮮膜，用微波爐（500W）加熱30秒。

❷ 把低筋麵粉、鹽巴放進①的耐熱容器，用小的打蛋器充分拌勻，直到粉末感消失。

❸ ②的耐熱容器蓋上保鮮膜，用微波爐（500W）加熱30秒。

❹ 把牛奶分3次倒進③的耐熱容器，用微波爐（500W）加熱，第1次2分鐘，第2次1分鐘，第3次、第4次各加熱30秒，每次加熱都要充分拌勻，加熱至呈現稠狀。

推薦吃法

・把奶油抹在2片吐司（8片切）的單面，1片抹上白醬，鋪上火腿，再用另1片夾起來。在上面鋪上大量的乳酪絲，放進烤箱烤至起司融化，呈現焦黃色。

檸檬風味的番茄醬
→ p.68

【材料】

檸檬（日本產尤佳）… 1個

蒜頭 … 3瓣（15g）

水 … 100ml

橄欖油 … 3大匙

番茄罐（切塊番茄尤佳）… 400g

蜂蜜 … 1大匙

鹽巴 … 1/2小匙

【製作方法】

❶ 檸檬刮下外皮黃色的部分，盡可能切成細絲。

❷ 把水、①的檸檬皮放進小鍋，開中火加熱，沸騰後繼續加熱5分鐘。

❸ 把橄欖油和切碎的大蒜放進另一個鍋子，用中火加熱，加熱至蒜頭呈現焦黃色。

❹ 把番茄、②的湯汁（檸檬皮取出備用）、鹽巴放進③的鍋子，蓋上鍋蓋，再用小火煮20～30分鐘，持續熬煮至沒有水分為止。

❺ 在④的鍋裡加入蜂蜜，充分混拌，試味道，用鹽巴（份量外）調味。

自製普羅旺斯橄欖醬
→ p.8

【材料】

橄欖油（黑、無籽）… 80g

蒜頭 … 1/2瓣（2.5g）

刺山柑 … 1/2小匙（9粒）

羅勒（生、葉、細末）… 1大匙（2.5g）

無花果乾（軟的類型）… 20g

橄欖油 … 2大匙

義大利香醋 … 1大匙

【製作方法】

❶ 橄欖、無花果、蒜頭切成4等分。

❷ 把①的材料和剩餘的材料放進食物調理機，攪拌至膏狀。

搭配的麵包

長棍麵包／洛斯提克麵包／洛代夫麵包／佛卡夏／拖鞋麵包

推薦吃法

・抹在麵包上，搭配雞蛋沙拉（參考p.132）、洋蔥片一起吃。

・抹在麵包上，搭配米蘭薩拉米臘腸（參考p.134）、芝麻菜或西洋菜一起夾著吃。

腰果香蒜醬
→ p.79／p.87

【材料】

羅勒（生、葉）… 30g

蒜頭 … 1/2瓣（2.5g）

腰果（烘烤、無鹽）… 50g

鹽巴 … 1/4小匙

橄欖油 … 100ml

【製作方法】

❶ 羅勒僅使用菜子的部分。充分清洗乾淨，用廚房紙巾確實擦乾水分。用手撕碎，放進食物調理機。

❷ 蒜頭分成4等分，腰果切成對半。

❸ 把②的材料、剩餘的材料放進①食物調理機中，攪拌至膏狀。

＊也可以使用巴西里取代羅勒。

推薦吃法

・抹在麵包上，搭配烤雞肉或煎雞肉（參考p.136）、個人喜歡的菜葉蔬菜一起夾著吃。

・抹在吐司（8片切）上面，搭配番茄片、薄切的莫扎瑞拉起司夾在一起，製作成熱壓三明治。

[美乃滋]

自製美乃滋

→ p.12

【材料】

蛋黃（恢復至室溫）… 1個

檸檬汁 … 1大匙

法國第戎芥末醬 … 1小匙

鹽巴 … 1/2小匙

植物油（盡可能選新鮮的種類）… 100ml

【製作方法】

❶ 把蛋黃至鹽巴的材料放進碗裡，用打蛋器充分攪拌至顏色泛白。

❷ 以呈絲狀滴落的狀態，把少量的油逐次倒進①的碗裡面，每加入一次油，就要充分拌勻，再加入下一次的油。

＊如果有手持攪拌機，只要預先讓所有材料恢復至室溫，再將材料放進專用的細長容器裡面，攪拌數次，就可以瞬間完成。

風味美乃滋（使用市售的美乃滋）

・日式芥末美乃滋（p.58、p.69）

　美乃滋 … 1大匙、日本芥末 … 1/4小匙

・辣根美乃滋（p.60）

・山葵美乃滋

　美乃滋 … 1大匙、山葵醬 … 1/2小匙

・芝麻美乃滋

　美乃滋 … 1大匙、芝麻醬（白）… 1/2小匙、

　碎芝麻（白）… 1小匙

・花生美乃滋

　美乃滋 … 1大匙、花生奶油 … 1小匙

・黃芥末美乃滋（p.14）

　美乃滋 … 1大匙、日本芥末 … 1/5小匙、芥末粒 … 1/2小匙

・鯷魚美乃滋

　美乃滋 … 1大匙、鯷魚醬 … 1/5小匙

・迷迭香美乃滋（p.15）

　美乃滋 … 1大匙、迷迭香（生、葉、細末）… 5支

・香草美乃滋（p.96）

・蒔蘿美乃滋（p.103）

・大蒜蛋黃醬（蒜泥美乃滋）

　美乃滋 … 1大匙、蒜頭（泥）… 1/5小匙

・番紅花蒜香美乃滋（p.37）

　美乃滋 … 1大匙、蒜頭（泥）… 1/5小匙、

　番紅花（浸泡在數滴水內，製作出顏色）… 3支、

　卡宴辣椒（粉）… 少許

[芥末]

本書使用的芥末主要是芥末粒和乳霜狀的法國第戎芥末醬2種。在法國，法國第戎芥末醬是搭配牛排等肉類料理所不可欠缺的芥末醬，比芥末粒更常被使用。德國或北歐用來搭配香腸等料理的蜂蜜芥末醬，也有市售種類，不過，還是可以參考下列，自己動手做做看。

風味芥末醬（使用芥末粒）

・日式芥末醬

　芥末粒 … 1大匙、日本芥末 … 1/4小匙

・洋酒芥末醬

　芥末粒 … 1大匙、威士忌（或蘭姆酒）… 1/2小匙

・蜂蜜芥末醬（p.103）

　芥末粒 … 1大匙、蜂蜜 … 1小匙

[沙拉醬]

本書把「用醋、油、調味料製作，主要用於沙拉的醬料」寫成，搭配法國麵包或料理的「油醋」或「油醋醬」，其他以外的醬料則寫成「沙拉醬」。

油醋醬

→ p.16／p.36

【材料】（菜葉蔬菜150g的份量）

白酒醋 … 1大匙

鹽巴 … 2/5～1/2小匙

蜂蜜（或楓糖漿）… 2小匙

橄欖油 … 4大匙

胡椒 … 少許

【製作方法】

❶ 把酒醋、鹽巴放進碗裡，用小的打蛋器攪拌，使鹽巴充分融化。

❷ 依序把蜂蜜、橄欖油放進①的碗裡，每加入一種材料都要充分拌勻，再放入下一個材料。加入胡椒。

＊鹽巴不容易融於油，所以要預先利用酒醋讓鹽巴充分融化。

＊也可以把蜂蜜換成法國第戎芥末醬。

特製油 p.23

添加蒜頭、鯷魚醬的沙拉醬。像章魚、蘑菇、酪梨這樣，試著把1種魚貝類、1～2種當季蔬菜組合搭配，再用特製油攪拌均勻試試看吧！

開胃小菜

由切成細末的蔬菜或醃菜混合製成。在美國，通常都用來取代鋪在熱狗上面的番茄醬。

【材料】（3個圓麵包的份量）

洋蔥 … 1/8個（約30g）

番茄 … 1/4個（約40g）

醃菜 … 15g

鹽巴 … 1/5小匙

TABASCO辣椒醬 … 適量

【製作方法】

❶ 洋蔥、番茄、醃菜切成細末。

❷ 把①的材料、鹽巴、TABASCO辣椒醬（略多）放進小碗，充分拌勻。

推薦吃法

・圓麵包或午餐麵包夾上香腸，鋪上開胃小菜。

杜卡

→ p.37

把堅果和辛香料混合在一起，源自埃及的風味調味料。可使用於沙拉、湯、炒物等料理的萬能調味料。

【材料】

杏仁（烘烤、無鹽）… 50g

腰果（烘烤、無鹽）… 50g

孜然（種籽）… 1/2大匙

芫荽（種籽）… 1/2大匙

碎芝麻（白）… 1大匙

芝麻（白）… 1大匙

鹽巴 … 1/3～1/2小匙

胡椒 … 少許

【製作方法】

❶ 把堅果類、辛香料放進食物調理機，攪拌至鬆散狀。

❷ 把芝麻類材料、鹽巴、胡椒放進①的食物調理機中，稍微攪拌。

＊堅果選擇的部分，不管是杏仁、核桃、腰果等，只要是烘烤過的無鹽種類就可以。花生或開心果也可以，但味道和顏色會比較強烈。

＊辛香料選擇的部分，孜然、茴香、芫荽、藏茴香等，只要是種籽狀的都可以。

＊也可以依個人喜好，添加乾香草（牛至、羅勒、迷迭香、百里香等），若是要添加的話，就在步驟②的時候添加。

推薦吃法

・搭配橄欖油，一起鋪在麵包上面，再放進烤箱裡面烤。

・把鷹嘴豆泥（參考p.149）抹在烤過的麵包上，再撒上杜卡。

・把奶油起司抹在麵包上面，搭配個人喜歡的菜葉蔬菜、涼拌胡蘿蔔絲（參考p.145）、酪梨片一起夾著吃。

起司 p.32／p.33

起司大致可分成A天然起司和B加工起司。天然起司又進一步依照製作方式的不同，被分類成①新鮮起司（非熟成）（p.31、p.32、p.49）、②白黴起司、③擦洗式起司（p.32、p.33、p.37）、④青黴起司（藍紋起司）、⑤羊奶起司（使用羊奶製成的起司的總稱）、⑥半硬質起司、⑦硬質起司7種。本書以p.32～33坎帕涅麵包的吃法為首，出現了許多起司，這裡則嚴選了特別適合麵包的起司，進行詳細的介紹（以下省略起司名稱中的「起司（乳酪）」二字）。

［天然起司］

天然起司當中，新鮮起司的莫扎瑞拉、瑞可塔（p.32）、馬斯卡彭、白黴起司、青黴起司、半硬質起司、硬質起司，都非常適合搭配麵包。

新鮮起司／莫扎瑞拉起司

只要把麵包當成披薩餅皮，起司部分使用莫扎瑞拉的話，就可以製作出正統的披薩吐司。也就是說，光是好幾種不同的披薩種類，都可以用吐司製作。

瑪格麗特吐司

【材料】

莫扎瑞拉 … 50g

披薩醬（市售）… 適量

橄欖油 … 適量

羅勒（生、葉）… 1～2片

吐司 … 1片

【製作方法】

❶ 把披薩醬抹在麵包上面，鋪上厚度切成5mm的莫扎瑞拉。

❷ 把①的麵包放進烤箱裡面，烤至莫扎瑞拉融化，且呈現焦黃色。

❸ 把橄欖油淋在②的麵包上面，撒上用手撕碎的羅勒。

＊也可以使用p.58的速成披薩醬、p.152的檸檬風味的番茄醬。

自製新鮮起司

自製白乳酪

→ p.44／p.59

【材料】

原味優格 … 400g

鮮奶油 … 200ml

砂糖 … 15g

【製作方法】

❶ 把濾紙裝進咖啡濾杯，在濾杯的下面放置接水用的容器。

❷ 把優格、砂糖放進碗裡，用打蛋器充分攪拌。

❸ 把鮮奶油放進②的碗裡，攪拌均勻。

❹ 把③的材料倒進①的濾杯裡面，蓋上保鮮膜，至少在冰箱內放置1小時30分鐘。

＊只要每隔10分鐘，用湯匙等道具攪拌白乳酪，就能夠更快速地瀝乾水分。

＊添加砂糖的上述食譜可以用發泡鮮奶油取代，只要不加砂糖，將水分確實瀝乾，就可以當成奶油起司般的抹醬。

自製茅屋起司
→ p.49

【材料】（2個布里歐麵包）
牛乳（成分無調整）… 200ml
檸檬汁 … 1大匙

【製作方法】
❶ 把濾紙裝進咖啡濾杯，在濾杯的下面放置接水用的容器。
❷ 把牛乳放進鍋裡，開中火加熱，加熱至60℃（能夠用手觸摸的溫度）。
❸ 把❷的鍋子移開火爐，倒入檸檬汁，用打蛋器稍微攪拌。
❹ ❸完全分離後（液體呈現透明的狀態），倒進❶的濾杯，把水分瀝乾。

＊水分瀝乾至某程度後，只要把紙濾杯的口擰緊，就能更快地瀝乾水分。

推薦吃法
・鋪在裸麥麵包上面，淋上果醬或蜂蜜。
・鋪在裸麥麵包上面，鋪上生火腿或煙燻鮭魚，再淋上橄欖油。

白黴起司　p.49／p.95／p.108／p.110／p.111
把無鹽奶油抹在長棍麵包上面，再夾上厚度切成1cm左右的卡芒貝爾或布里，這種搭配的三明治是法國咖啡廳裡常見的經典菜單。如果可以買到美味的白黴起司和長棍麵包的話，請務必嘗試看看。

青黴起司（藍紋起司）
p.15／p.31／p.32／p.33／p.37／p.49／p.72／p.109
青黴起司屬於氣味、鹽味、辣味比較強烈的起司。只要搭配奶油起司等奶油類的食材、乳酪絲等味道溫和的食材，就可以中和味道，就比較容易入口。長棍麵包夾上香腸，把青黴起司和乳酪絲混合鋪在上方，烤過之後，就會變成法式的熱狗麵包。和白黴起司相同，同樣也很適合搭配布里歐麵包。

長蔥與古岡左拉起司的塔丁
【材料】（1片）
古岡左拉（如果沒有，其他藍紋起司也可以）… 15g
乳酪絲 … 15g
奶油 … 8g
長蔥 … 10cm
胡椒 … 少許
坎帕涅麵包 … 1片

【製作方法】
❶ 長蔥切成極薄的蔥花。
❷ 把奶油5g放進小的平底鍋，開中火加熱，在奶油融化的時候放入❶的長蔥，拌炒至長蔥變軟。
❸ 把剩餘的奶油抹在麵包上面，將❷的長蔥鋪在上方，依序撒上撕成細碎的古岡左拉、乳酪絲。
❹ 把❸的麵包放進烤箱，烤至起司融化且呈現焦黃色。
❺ 撒上胡椒。

羊奶起司　p.31／p.32／p.33／p.36

熟成羊奶起司
→ p.32／p.37

❶ 用烤盤紙把羊奶起司包起來，包起來的末端朝下後，放進保存容器。
❷ 把❶的保存容器放進冰箱的蔬果冷藏室，存放一個月。存放期間，如果烤盤紙濕掉，就要更換一張烤盤紙。更換的時候，要把保存容器內或羊奶起司上面的水分擦乾。

＊羊奶起司的水分會慢慢排出，鮮味就會更加濃郁。
更換烤盤紙的時候，可以順便淺嚐一下味道，就能得知熟成的狀態是否是個人喜歡的熟成程度。

半硬質起司／硬質起司
p.32／p.33／p.37／p.43／p.46／p.89／p.103／p.110
半硬質和硬質的差異在於水含量和熟成時間。水分較少，熟成期間較長的起司是硬質。A把奶油抹在裸麥麵包或坎帕涅麵包上面，再鋪上用專用的起司削片器或刨刀削成薄片的起司，直接食用。B把奶油抹在吐司上面，在鋪上大量用起司刨絲器或刨絲器刨成細絲的起司，再進行烘烤。首先，請先試試這兩種吃法。

坎帕涅麵包起司火鍋
→ p.37
【材料】（2人份）
米蘭薩拉米臘腸 … 6片
櫛瓜 … 1/2條
小番茄 … 6個
蘑菇 … 8朵
起司火鍋
　艾曼塔、格律耶爾、康堤等 … 共計300g
　蒜頭 … 1/2瓣（2.5g）
　玉米粉 … 1小匙
　白葡萄酒 … 150ml
　鹽巴、胡椒 … 各少許
坎帕涅麵包（厚度2cm）… 1片

【製作方法】
❶ 麵包切成2cm丁塊狀，用烤箱烤至邊緣酥脆程度。
❷ 櫛瓜切成和❶麵包相同的大小，番茄將前端挖個洞，排放進蒸

籠裡面蒸。番茄用冷水浸泡，去除蒂頭和薄皮。

❸ 蘑菇、米蘭薩拉米臘腸切成對半。

❹ 把①、②、③的材料裝盤。

❺ 製作起司火鍋。起司類用起司刨絲器或刨絲器刨成細絲，撒上玉米粉。

❻ 用蒜頭在鍋子（鑄鐵、鐵、琺瑯等材質）底部搓磨。

❼ 把葡萄酒倒進❻的鍋子裡面，開中火加熱。

❽ ❼沸騰後，把❺的起司分2～3次放入，每放入一次材料，就要用木鏟充分拌勻。起司和葡萄酒充分混合後，再放入下一次的材料。

❾ 用鹽巴、胡椒調味。

[天然起司]

乳酪絲 p.141／p.101

用刨絲器刨切，薄如紙張且細長的起司就稱為乳酪絲。鋪滿麵包的每一個角落，就會比較容易溶解，這是起司吐司所不可欠缺的。建議使用雙倍起司的製作方式，例如，鋪在藍紋起司或擦洗式起司等腥味較重的起司，或奶油起司等那種味道反而清淡的食材上面。

推薦吃法

· 吐司薄塗上奶油、日式芥末，鋪上大量的乳酪絲，進行烘烤。上面也可以鋪上碎海苔、淋上少許醬油的魩仔魚等日式食材。

起司粉

起司粉是起司乾燥後，製成粉末狀的起司。原料通常是採用帕馬森乾酪。說到最高級的起司粉，就屬現削的義大利產帕馬森起士（硬質起司）。大量使用時，選用前者，當成提味使用，就選擇後者。

推薦吃法

· 把帕馬森起士（如果有的話）磨削成粉末狀，撒在橫切的可頌的內側和表面（表面容易焦，所以先填入內側，烤過之後，再撒在表面，再次烘烤）。

· 把1＋1/2大匙帕馬森乾酪、胡椒少許、1/2小匙的巴西里碎末混在一起，用來取代p.143番茄吐司步驟③的鹽巴，再用預熱的烤箱烘烤（小心不要讓麵包邊烤焦）。

奶油 p.15／p.67／p.73／p.89／p.101

奶油有加鹽、不加鹽、發酵等種類。在本書，加鹽的種類標記為「奶油」，沒有加鹽的奶油則標記為「無鹽奶油」。麵包通常都是使用加鹽奶油，不過，使用「無鹽奶油，事後再添加鹽份」的吃法也十分推薦。

調味奶油 p.84

下列的食譜是，相對於奶油10g的比例份量。奶油使用之前，要先恢復至室溫，使奶油呈現乳霜狀後，再加入食材。食材的鹽份較多（鯷魚醬）時，使用無鹽奶油，一邊試味道，一邊慢慢加入食材。也可以混入味噌或柚子胡椒等日式食材。也可以用保鮮膜包起來，冷凍保存。可以抹在吐司上面，或是抹在三明治的麵包上面，應用範圍相當廣泛。

· 芥末奶油
　奶油 … 10g、日式芥末 … 1/2匙
· 檸檬奶油（添加檸檬汁／p.32）
　奶油 … 10g、檸檬汁 … 1/4小匙、
　檸檬皮（泥）… 少許
· 檸檬奶油（無檸檬汁／p.97）
· 黃芥末＆胡椒奶油
　奶油 … 10g、芥末粒 … 1/4小匙、
　胡椒 … 1/10小匙
· 香蒜奶油
　奶油 … 10g、蒜頭（泥）… 1/10小匙
· 田螺奶油（p.15）
　奶油 … 10g、巴西里（生、葉、細末）… 1小匙、
　蒜頭（泥）… 1/10小匙
· 明太子奶油（參考p.139）
· 無糖咖啡奶油（p.68）
· 砂糖奶油
　無鹽奶油 … 10g、砂糖 … 1小匙
· 蘭姆葡萄奶油
　無鹽奶油 … 10g、
　蘭姆酒漬葡萄乾（細末）… 5～10g
· 白蘭地奶油（p.31）
　砂糖奶油（參考上述）、白蘭地 … 1/2～1小匙

蒜香吐司 p.37

在麵包抹上蒜香奶油（參考上述），用烤箱烤至麵包呈焦黃色。

其他乳製品

[奶油起司] p.8／p.14／p.43／p.87／p.109／p.110

依製造商的不同，使用的生乳或乳酸菌、添加的鹽巴份量也有不同，所以味道、口感也都各不相同。建議依照搭配的麵包選擇不同品牌。貝果建議採用美國產，長棍麵包等法國麵包建議採用法國產，裸麥麵包則建議使用丹麥產。

推薦吃法

·抹在麵包上面，鋪上洋蔥片和切成1cm寬的培根，放進烤箱裡
面烤（火焰薄餅風格／p.14）。

·用來取代披薩的番茄醬（p.87）。

調味奶油起司 p.110

下列食譜是，相對於奶油起司「KIRI」（18g）的比例份量。如
果是20g以內的份量，就算採用相同份量也沒關係。使用奶油起
司之前，必須恢復至室溫，使奶油起司呈現乳霜狀。食材基本上
要切成5mm的細末。甜菜根等含有水分的食材，要先盡可能用
叉子等道具搗碎後再加入。

·香蔥奶油起司（p.111）
　長蔥白色和綠色之間的淡綠部分（細末）
　… 1cm的份量
·甜椒奶油起司
　烤甜椒（參考p.148／磨泥）… 1小匙
·乾番茄奶油起司
　泡軟的乾番茄（參考p.143）… 1片（5g）
·橄欖奶油起司
　橄欖（綠或黑，無種籽）… 2粒
·開心果奶油起司（p.49）
·甜菜根奶油起司（p.96）
·青紫蘇葉奶油起司
　青紫蘇葉（切絲）… 2片
·日式香草奶油起司（p.112）
·奶油起司霜飾（p.115）
·薑味奶油起司（p.115）
·巧克力碎片奶油起司
　苦味巧克力（切碎）… 10g
·葡萄乾和核桃的奶油起司
　葡萄乾（切碎）… 10g、
　核桃（烘烤、切碎）… 5g
·蘋果肉桂奶油起司
　蘋果乾（切碎）… 10g、肉桂（粉）… 1/6小匙
·橙皮奶油起司（p.111）
　橙皮（切碎／柑橘醬亦可）… 10g

水果起司蛋糕抹醬

【材料】

奶油起司（恢復至室溫）… 100g

鮮奶油 … 1～2大匙

檸檬汁 … 1小匙

砂糖 … 25g

檸檬皮（泥／國產尤佳）… 1/4個

【製作方法】

❶ 把奶油起司放進碗裡，用打蛋器攪拌至乳霜狀。

❷ 把砂糖放進❶的碗裡，持續攪拌至蓬鬆狀。

❸ 依序把鮮奶油、檸檬汁、檸檬皮放進❷的碗裡，每加入一種
材料，都要充分拌勻，再放入下一種材料。

＊完成後的狀態比較軟，希望硬一點的話，只要放進冰箱冷藏就可以。

［酸奶油］ p.72／p.95

酸奶油是用乳酸菌將鮮奶油發酵而成，特徵就是獨特的酸味。和
奶油起司相比，酸奶油沒有鹽味，酸味比較強烈，所以可以當成
增添乳製品濃郁和酸味的調味料。

酸奶油洋蔥

→ p.101

【材料】

酸奶油 … 1包（90～100g）

洋蔥（細末）… 1/5個（50g）

蒜頭（泥）… 1瓣（5g）

巴西里（生、葉、細末）… 1大匙

植物油 … 1小匙

鹽巴 … 1/4小匙

胡椒 … 少許

【製作方法】

❶ 把洋蔥鋪在放有廚房紙巾的耐熱盤，覆蓋上保鮮膜，用微波爐
（500W）加熱1分鐘。加熱後，再用廚房紙巾把釋出的水分擦
乾。

❷ 把❶的洋蔥放進用中火把油加熱的小平底鍋裡面，翻炒至洋
蔥呈現焦糖色。加熱過程中，如果水分減少，就再加一點水（份
量外）。

❸ 把酸奶油放進碗裡，用橡膠刮刀攪拌至柔滑狀。

❹ 把蒜頭、巴西里、鹽巴放進❸的碗裡，充分拌勻。

❺ 把完全冷卻的❷洋蔥、胡椒放進❹的碗裡，充分拌勻。

［鮮奶油］

一般來說，被稱為「鮮奶油」的是，僅用乳脂肪（動物性脂肪）
製作的奶油。本書也一樣，請盡可能使用「乳脂肪的種類」。鮮
奶油的乳脂肪率有30％和40％兩種。希望製作出清爽口感時，
使用前者，希望增添濃郁的話，就使用後者。

發泡鮮奶油

→ p.45／p.59／p.66

【材料】

鮮奶油 … 100ml

砂糖 … 10g

【製作方法】

❶ 把鮮奶油、砂糖放進碗裡，充分拌勻。

❷ 用冰水冷卻❶的碗底，一邊打發至符合用途的濃稠程度。

蘭姆發泡鮮奶油

→ p.15

【材料】

鮮奶油 … 100ml

砂糖 … 10g

蘭姆酒 … 1/2大匙

【製作方法】

❶ 利用與發泡鮮奶油①、② 相同的步驟製作發泡鮮奶油。

❷ ①的濃稠度符合用途所需之後，加入蘭姆酒，稍微攪拌。

其他甜的奶油／糖漿

卡士達醬

【材料】

蛋黃 … 2個

牛乳 … 300ml

砂糖 … 55g

低筋麵粉 … 10g

玉米粉 … 15g

香草豆莢 … 1/3支

【製作方法】

❶ 把蛋黃放進碗裡，依序放入一半份量的砂糖、低筋麵粉、玉米粉，每次放入材料，都要用打蛋器充分拌勻，然後再放入下一種材料。

❷ 把牛乳、剩餘的砂糖、香草豆莢內取出的種籽和豆莢放入鍋裡，開中火加熱。

❸ 在煮沸之前關火，分次逐一倒進①的碗裡，一邊攪拌。

❹ 全部都倒入之後，倒回鍋裡，開小火加熱。用打蛋器攪拌至稠狀。表面的細小氣泡全消失後，就會瞬間呈現稠狀。

❺ 使用之前，要先把豆莢去除。

推薦吃法

・圓麵包夾上卡士達醬，馬上就能化身成奶油麵包。

・午餐麵包搭配發泡鮮奶油、香蕉一起夾著吃。

冰淇淋 p.49／p.70／p.72

香草冰淇淋的材料和卡士達醬相同，所以可以把冰淇淋當成冰冷的卡士達醬，夾進麵包裡面品嚐，試著增加應用的範圍。

牛乳奶油

【材料】（2個午餐麵包的份量）

無鹽奶油（恢復至室溫）… 50g

糖粉（如果沒有，就用砂糖）… 10g

煉乳 … 2大匙

【製作方法】

❶ 把奶油放進碗裡，用打蛋器攪拌至乳霜狀。

❷ 依序把砂糖、煉乳放進①的碗裡，每加入一種材料，都要充分拌勻後，再放入下一種材料。

推薦吃法

・塗抹在長棍麵包或午餐麵包上面，就成了法式牛奶麵包。也可以搭配切成1cm丁塊狀的草莓或奇異果等一起夾著吃。

甘納許

→ p.31／p.32／p.33／p.49

【材料】

苦味巧克力 … 100g

鮮奶油 … 100ml

【製作方法】

❶ 巧克力切碎。

❷ 把鮮奶油放進小鍋，開中火加熱。

❸ 在快煮沸的時候關火，把①的巧克力放進鍋裡，用橡膠刮刀持續攪拌至巧克力完全融化。如果無法徹底融化，就連同鍋子一起隔水加熱。

推薦吃法

・夾進可頌，就成了高級的法式巧克力麵包。

・填進僧侶布里歐（參考p.49）的洞裡面，裝飾上甜橙的果肉或切好的草莓。

杏仁奶油

做法和玫瑰風味的杏仁奶油（參考下列）相同，但不添加玫瑰水。

玫瑰風味的杏仁奶油

→ p.45

【材料】

蛋黃（恢復至室溫）… 1個

無鹽奶油（恢復至室溫）… 30g

杏仁粉 … 30g

砂糖 … 25g

玉米粉 … 1小匙

玫瑰水 … 1/2大匙

【製作方法】

❶ 把奶油放進碗裡，用打蛋器攪拌至乳霜狀。

❷ 把砂糖放進①的碗裡，持續攪拌至泛白、鬆軟程度。

❸ 依序把蛋黃、杏仁粉、玉米粉、玫瑰水放進②的碗裡，每加入一種材料，都要充分拌勻後，再放入下一種材料。

杏仁可頌

製作方法和伊斯法罕風味的可頌脆餅（參考p.45）相同，只是不使用玫瑰水、樹莓、玫瑰花瓣。

香料糖

→ p.32／p.33／p.100

【材料】

精白砂糖 … 40g

肉桂（粉）… 3g

山椒粉 … 2g

白豆蔻（粉）… 1g

【製作方法】

❶ 把所有材料充分拌勻。

協助夥伴介紹

●採訪協助

伊原靖友
每天出爐的麵包多達300種的排隊名店
「Zopf」的主廚。被熱愛麵包的粉絲譽為
「麵包聖地」，咖啡廳和麵包教室也非常受
歡迎。著有《Zopf出爐的裸麥麵包》、《零
失敗麵包烘焙》（柴田書店）。

• Zopf
千葉縣松戶小金原2-14-3
TEL：047-343-3003
HP：http://zopf.jp/

森本智子
德國食品普及協會代表、ELFEN股份有限公
司董事。對麵包、啤酒的德國飲食文化有著
深厚的造詣。在「德國節慶」的營運等活動
上，對德國麵包的推廣不遺餘力。著有《德
國麵包大全》（誠文堂新光社）。

• ELFEN股份有限公司
HP：http://elfen.jp/

Mara Brogna
義大利料理研究家。義大利，托斯卡納州比
薩出身。 在自家經營的餐廳環境下成長，目
前在位於東京的「Veritalia義大利語文化教
室」，傳授Brogna家族秘傳的食譜。當然，
其中也包含個人最愛的麵包。精通所有飲
食。透過社團法人日本橄欖油侍酒師協會，
取得「橄欖油侍酒師」資格。

小林照明
「Pane & Olio」的主廚。使用義大利的小
麥粉、義大利製法，以及義大利師傅傳授的
潘娜朵尼種，開發出義大利和日本優點兼具
的麵包。

• Pane & Olio
東京都文京區音羽1-20-13
TEL：03-6902-0190
HP：http://paneeolio.co.jp/

●攝影協助

清水信孝
「Schomaker」的主廚。採用與德國總店相
同的麵包製法。使用同樣的有機黑麥粉。製
作100%裸麥的麵包「Roggenbrot」等正統
的德國麵包。

• Schomaker
東京都大田區北千束1-59-10
TEL：03-3727-5201
HP：http://www.schomaker.jp/

●麵包製作協助

• Matsu麵包
福岡縣福岡市中央區六本松4-5-23
TEL：092-406-8800
HP：http://matsu-pan.com

→ p.8-9食譜／p.12-16／p.18-19／
　 p.22-23／p.36／p.44-47／p.96-99

• CAMELBAGEL
福岡縣福岡市城南區神松寺1-23-39
HP：https://camelbagel.com

→ p.104-113

●器材協助

• B・B・B POTTERS
福岡縣福岡市中央區藥院1-8-8-1F、2F
TEL：092-739-2080

• BBB&
福岡縣福岡市中央區藥院1-8-20-1F
TEL：092-718-0028
HP：http://www.bbbpotters.com

PROFILE

池田浩明（Hiroaki Ikeda）

作家／麵包研究所「麵包實驗室」負責人

滋賀縣人。吃遍日本各地的麵包、撰寫麵包相關知識的麵包狂熱者。主要著作有《麵包慾望》（世界文化社）、《讓吐司更美味的99種魔法》（GUIDEWORKS）、《陪伴我一生的麵包店》（魔法屋）等。同時也參與「新麥活動」，積極宣傳國產小麥的美味。

山本百合子（Yuriko Yamamoto）

甜點、料理研究家／咖啡杯收藏家

福岡縣人。日本女子大學家政學部食品學系畢業後，1997年前往巴黎，旅居巴黎的12年間，在巴黎麗池廚藝學校（Ritz Escoffier）和巴黎藍帶廚藝學校（Le Cordon Bleu）學習法式甜點，同時又在三星級的餐廳、飯店與甜點店實習。於2000年發行第一本單行本，至今累積的著作超過30本。經營的Instagram山本飯店，每日更新中。

TITLE

麵包使用說明書

STAFF

出版	瑞昇文化事業股份有限公司
作者	池田浩明　山本百合子
譯者	羅淑慧
總編輯	郭湘齡
責任編輯	張聿雯
美術編輯	許菩真
排版	二次方數位設計　翁慧玲
製版	印研科技有限公司
印刷	龍岡數位文化股份有限公司
法律顧問	立勤國際法律事務所　黃沛聲律師
戶名	瑞昇文化事業股份有限公司
劃撥帳號	19598343
地址	新北市中和區景平路464巷2弄1-4號
電話	(02)2945-3191
傳真	(02)2945-3190
網址	www.rising-books.com.tw
Mail	deepblue@rising-books.com.tw
初版日期	2022年10月
定價	380元

ORIGINAL JAPANESE EDITION STAFF

撮影	清水健吾、高橋絵里奈
	山本ゆりこ p.8-9レシピ、p.14-15レシピ、p.16-19、p.22-23、p.34-36、p.44-49、p.58-63、p.68-73、p.78-79、p.81現地、p.86-89、p.96-99、p.100現地、p.102-103、p.105製法、p.112-113、p.115
	池田浩明 p.21製法、p.25、p.27製法、p.39製法、p.51製法、p.65製法、p.75製法、p.80-81、p.83製法、p.91製法、p.100、p.106-107現地
イラスト	Aki ishibashi
デザイン	吉田昌平、田中有美（白い立体）
DTP	水谷美佐緒（プラスアルファ）
調理補助	はらぺこ（カバー、p.1、p.42-43）
校正	有限会社くすのき舎
編集	久保万紀恵（誠文堂新光社）

國家圖書館出版品預行編目資料

麵包使用說明書：了解越多,越美味!切法、烤法、吃法 = The manual of breads / 池田浩明, 山本百合子作；羅淑慧譯. -- 初版. -- 新北市：瑞昇文化事業股份有限公司, 2022.10
160 面；18.2x25.7　公分
譯自：パンのトリセツ
ISBN 978-986-401-579-5(平裝)
1.CST: 麵包 2.CST: 點心食譜

427.16　　　　　　　　　　　　　　　111012768